近くを冒険するハンドブック

neoコーキョー 2

アプリの地理学

Geography
History & Fiction
Infrastructure
Social Communication
Wellness
Diversity Stories

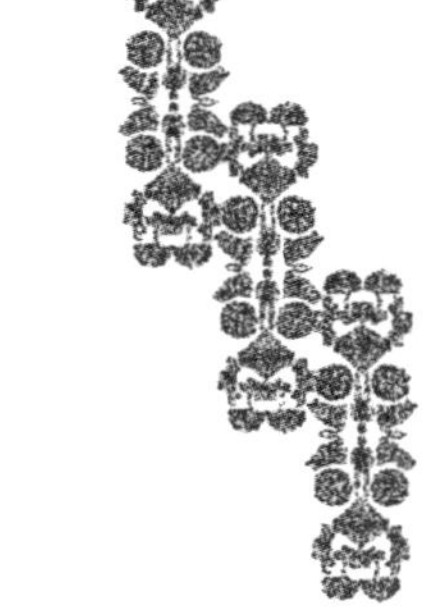

neo

2

ミクロな差異をひろう

辻本達也

「あなたはホーム画面にどんなふうにアプリを配置していますか？」

本書には、そう問いかけるところからはじまる対話が十本収録されています。スマホのホーム画面を見せてもらって、アプリの置きかたの話をきく。アプリの話をきいていたはずが、思わぬ方へと話はひろがって、それぞれの人がもつ固有のトーンや細（ささ）やかなこだわりが見える本になったと感じています。どうしてこんな対話をやろうとぼくは思ったのでしょう。自分でも明確ではありません。でもちょっと書いてみようと思います。

アプリの〝地理学〟というタイトルですが、これはぼくが身の回りの多くのことを地理ととらえていることに由来しています。川があって水が飲めるから人はその周囲に集まる。たいらな土地があればそこに屋根を建て、果実や獣が獲れる場所があればそこに出向いて帰ってくる。そのようにして、人はレイアウトに動かされてきました。

家のなかでも同じです。どこにトイレがあるか、どこに食卓があるか、どこに薬箱があるか、どこにおたまがありフライパンがあるか、どこに仕事道具があり余暇の道具があるのか。それらへのアクセスのしやすさ／しにくさが、ときには意思以上に、人の行動を決めてしまうところがある。じゃあ手のひらのなかのアプリだとどうなんだろう？　そう思って今回の企画をはじめました。

しかしこれは良い意味で裏切られることになります。今回最初に対話をしたのは＃３のＳさんだったのですが、そのホーム画面に出会った途端、ガツンと殴られたような衝撃がありました。その後もつぎつぎぼくは「自分の考え方は全然唯一のものではない」と感じさせられることになります。それが具体的にどういうことだったかは読んでいただくこととして。とにかく言えることは、対話を経て、当初アプリの地理学というタイトルで思い描いていたものよりずっとひろい誌面になったということです。

昨今、「ダイバーシティ」ということばがいろんな場所で叫ばれています。しかしそれはどこか紋切り型のことばに聞こえてなりません。それはいつからか守るべき規範となり、大きなカテゴリ分けで違いを把握しているだけで、ひとりずつの細かな「ちがう」「おなじ」を見ようとすることなしに理解だけが先行しているからではないか。そう思うことがあります。

本企画は、ぼく自身からそのミクロな差異にとびこもうとし始めた一歩目でもあります。LINEでやりとりしている友人やスーパーで一緒になった人、電車で横に座った人、隣に住んでいる人、地球の裏側にいる人、ウクライナに住んでいる人、ロシアに住んでいる人。それらの人びとも、今日たぶんスマホを使っていて、そのひとりひとりのホーム画面はどんなだろう？　自分とけっこう似ているかもしれないし、違っているかもしれない。些細なことではありますが、あらためてそうやってイメージしてみることで、やっとぼくは個人を想像しはじめることができます。

と、いつのまにか大きな話になってしまいましたが、これは本書の一面でしかありません。はじまりは、もっと子どものように「みんなのホーム画面が見てみたい！」「どんなホーム画面があるんだろう?」という素朴な興味でした。なのでぜひ気楽に、なんのきなしの会話を読んでみてください。どなたにもその人なりのアプリとの関係があり、そこから垣間見える時間がありました。

#1 ポケモンを乱獲する WEBディレクター

ページ毎に頭を切り替える

辻本　ホーム画面はルールみたいのありますか?

MO　そうですね。画面ごとに分けてます。わたしは育児とか家庭のことをこなしているときと、仕事をこなしているときで、使ってる頭が全然違うなって感じているので、一ページ目はどちらかというと「家庭」のことに絡んでいるようなアプリをまとめています。で、二ページ目が「業務」に関する、仕事上で使っているようなアプリをいれていて。で、三ページ目(図3)が……。

辻本　こ、これはおもしろいですね!笑「物欲」フォルダと「食欲」フォルダ。

MO　笑　もとは三ページ目はなかったんですよ。

辻本　あ、なかったんですね。

MO　なんだけど、あまりにもここに引きずられちゃうから、これは分けようって思って、三ページ目に移動させて。

辻本　うんうんうん。

MO　なんかこうストレスが溜まるとすぐ「物欲」の方を見始めるんですよ。

辻本　あ〜、いまおっしゃってた引きずられちゃうっていうのは、一ページ目にそのアプリがあると。っていうことですね?

MO　そうなんですそうなんです。ひらく頻度があがっちゃうから、あえて端っこの方にアマゾンとかいれている。

辻本　これすごい良いですよね、このフォルダ名!

図1　1ページ目

MO　食欲と物欲。なんかでもここも難しいなと思っていて、「雑多」っていうふうに書いてあるフォルダがあって、これは漫画とか本に関するアプリ、KindleとかNetflixとか入れてるんですけど、なんやかんやここが一番ひらいちゃう笑

辻本　ここなんですね。

MO　でも一番でもないかな。ちょっとこう夜、勉強でもしようかなと思ったときすぐに漫画アプリをひらいちゃうので。うーん。結局だからやっぱり三ページ目にしょっちゅう行っちゃうっていう。

辻本　笑

MO　笑　ほんとはこんなことしてる場合じゃないんだよな、って思いながらあけるから。なんかこのフォルダに対して「本」とかって書いちゃうと、ちょっとその背徳感にオブラートをかぶせるような印象になる。

辻本　たしかにたしかに。ちょっとポジティブな感じになるというか。

MO　そうそう。ポジティブ。読書タイムみたいにすると背徳感が薄れるから。

「雑多」フォルダができるまで

辻本　そうなんですね。でもたしかに「雑多」のところが一番日々更新されるものがありますもんね。これ三ページ目は名前をつけたときって「思いついた！」みたいのはあったんですか？

MO　えっとね。最初は悩んでたんですよ、あの……「本と動画」みたいなフォルダにすべきか。でも、もうちょっと自分の中でここにあるフォルダあけるときってちょっとした背徳感みたいのがあるんですよ。

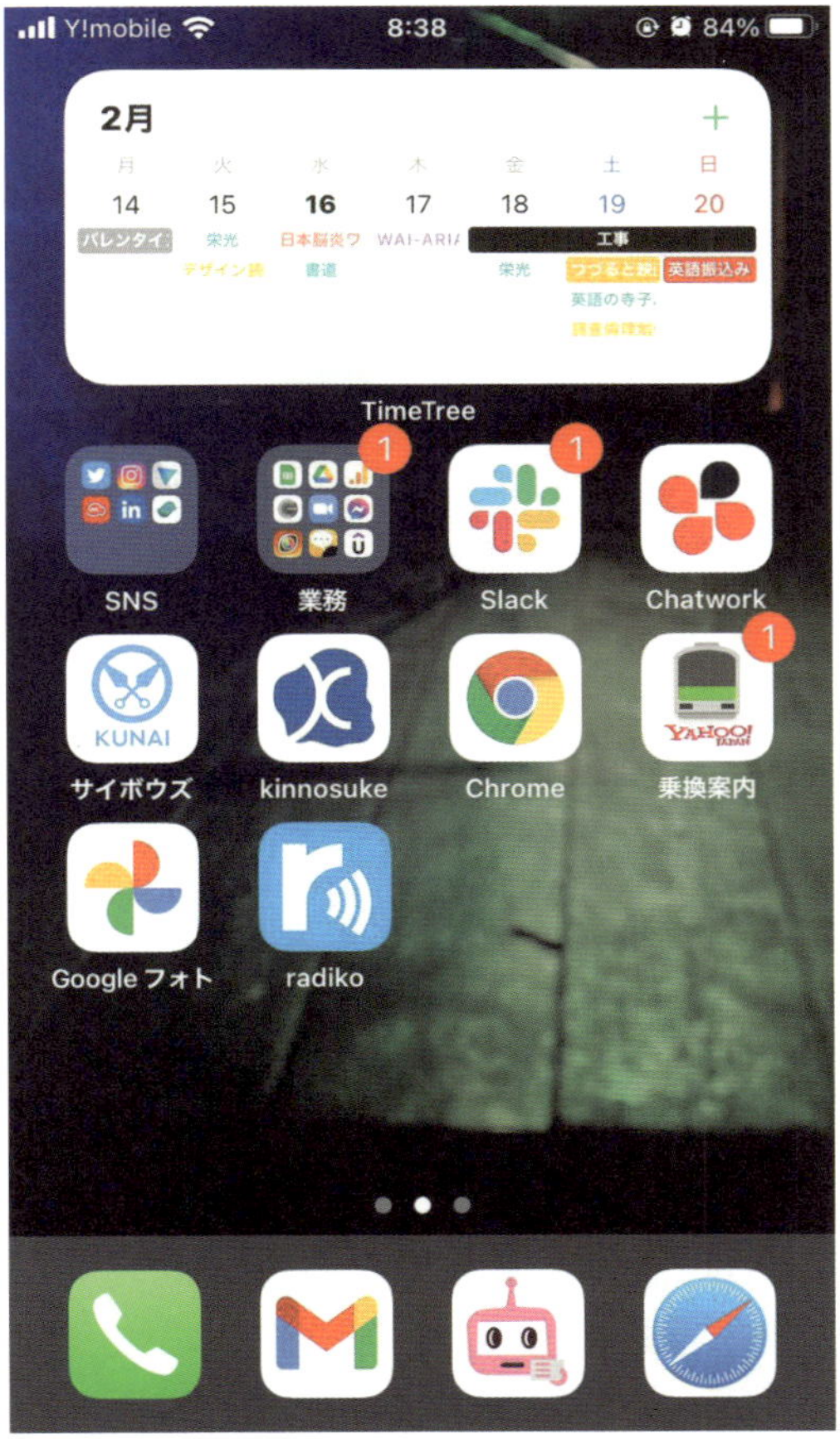

図2　2ページ目

辻本　自分の感覚と合ってないってことですよね。

MO　そうですそうです。だからこのフォルダをひらくときに自分が抱く感覚をストレートに出していったほうがいいかなと思って、最初は「雑念」とかにしてたんですよ。

辻本　雑念。

MO　ただでも、「雑念」っていうのもちょっと違うかなって思って、このフォルダをひらく時間が本当に自分にとって不要かっていうと、漫画を読んでちょっと楽しい気持ちになるっていうか、うん、そういうところもけっして無駄なものではないっていう気持ちだから。

辻本　むしろそれをやったことで他のことが進んだりすることもありますもんね。

MO　そうです。一日頑張ったから寝る前くらいは全然仕事に関係ないこととか、そういうのをインプットして。

辻本　けど、「読書」ってほどじゃない。

MO　そうそう。で「雑多」に落ち着いた、っていう。

辻本　それで「雑多」に笑

MO　でも油断するとこの「雑多」もいっぱいいろんなものを突っ込んじゃうので、わりとその都度消しますね。

図3　3ページ目

辻本　そうなんだ。そのタイミングで。

MO　そうそうそう。なんか油断するとすぐにヤクザものの漫画読んじゃうんですよ。

辻本　笑　え、ヤクザものってどういう？

MO　いままでで最悪だったのが、『闇金ウシジマくん』が一日何話まで無料みたいなアプリをいれた時に、寝る前にウシジマくんを読むっていう習慣ができてしまって。ほんとに一週間ぐらい嫌な夢ばっかりを見て。なんかわかんないけど人に追いかけられてるとか、すごい人から責められてて「なんでこんなことに！」みたいな夢をみるのが生活習慣みたいになってしまって。

辻本　生活習慣ですか？

MO　ウシジマくんを寝る直前に読む。夢でそれに近いものを見る。っていうのがルーティンになってしまったときに、もうこれは、たしかにわたしはウシジマくんのような世界観に興味ないかっていうと、あまりにも触れない世界だからちょっと興味なくはないんだけど、これがなくてはならないかっていうと、これはないほうがいいなってなって。

辻本　それはたしかに笑

MO　実際ちょっと支障があるし、寝汗でびしょびしょだったときとかもあったから。

辻本　そこまで!?

MO　そこまでだったんですよ。ほんとうに。

辻本　たしかにあれ現実感あるこわさですもんね。

MO　そうなんですそうなんです。もとは普通のＯＬやってた人が気づいたらみたいな。そういうのあったりとかするから、なんだろうな、感情移入しちゃってたのかもしれない。

辻本　笑

MO　続き気になりつつも、これは手放したほうがいいなと思って手放しましたね。

辻本　そのとき消したんですね。

MO　そうです。思い切って消しました。

食欲物欲フォルダができるまで

辻本　これ「金融」はすごいわかりやすいと思うんですけど。やっぱり「食欲」と「物欲」。ぴったりな良い分け方だと思うんですけど、「食事」とか「買い物」っていうふうにすることもできるわけじゃないですか。ここをMさん的に「欲」でまとめたっていうのは、「雑多」の話にも近い感じですかね。

MO　あれですね。それに関して言うと、一ページ目の中に、「サミット」っていうアプリと「タベソダ」っていうアプリがあって、サミットはスーパーのポイントカードで、タベソダはいわゆる生協のパルシステムの宅配アプリ、宅配っていうか注文するためのアプリで。これはわたしにとっては「食欲」じゃないんですよね。

辻本　そういうことか。たしかになあ。

MO　なんでかっていうと、これは日常のなくてはならないもので、これをやらないと生活が成り立たない。そういう意味でこれは自分にとっては「欲」じゃないなって。

辻本　ある程度それは仕事というか家事の一環ですもんね。

MO　そうです。そう、それとは分けて考えたいなっていうものが「食欲」のなかに入っていて。だからこっちはなくてもいいものが入ってるんですよね。中ひらくと、「マクドナルド」とか「かっぱ寿司」とか、「スタバ」とか入ってて。で、あと「クックパッド」も入ってるんだけど、クックパッドも結局日常では見ないんですよ。

辻本　ああ、そうなんですね。

MO　そう。見ながら料理つくることなんてほぼなくて。その、休みの日とかにあまりにも他にやることがなくて、子供といっしょにクッキーでもつくろうかってなったときにひらくって感じなので、なんかそれでいうと余裕があるときにしかひらかないものかな。

辻本　ちょっと娯楽的に料理をする。

MO　そうそうそうです。食べることについて考えたいとか、特別ないつもとちょっと違うことしたいっていうときに初めて使う感じ。

辻本　そうか。それで「食事」とか「買い物」とは違う分類名でやってるんですね。

MO　そうです。

辻本　いやあ。良いですね。

「ぺい」の境界

MO　そういえば、一ページ目でわたし「ぺい」っていうフォルダをつくっていて。これが最近難しいのが、「ぺい」の隣に「ぽいんと」ってあるんですけど、だんだんここの境界が薄れてきてるんですよ、いま。

辻本　え、どういうことですか?

MO　なんか、「ぺい」はほんとそのままで、ファミマならファミペイっていうのがあって、そこで使うことでちょっとしたクーポンが使えたりっていうのがあったりとかもするんだけど。最近になって、このなんか、各社いろんな「ぺい」を導入しだして……。

TポイントのアプリもいれていてそれでTポイントカードも出せるんだけど。そこで合わせてキャッシュレス決済のためのアプリも同時にひらけちゃったりするんです。

辻本　えっと、Tポイントカードアプリ……。これってファミマで払うときってどうやって払うんでしょう?

MO　えっと、ファミマで払うとき……は、ファミペイを、どうしてるかな、ファミペイのなかに連携させるTポイントカードっていうのが選べるようになっていて、それを繋いでいるかぎりは、ファミペイのなかにTポイントカードの機能が入っている。

だからTポイントカードのアプリ持ってるんだけど、あんまり立ち上げなかったりとか。

辻本　そうなりそうですよね。たとえばファミマ以外のところで使うときくらい、というか。

MO　そうですね。ただでもそれも境界がうすれてきていて、ドラッグストアとかも独自でキャッシュレス決済とか導入しはじめたことで。

辻本　ペイが乱立してる。

MO　そうなんですよ。いまだから「ぺい」と「ぽいんと」がめちゃくちゃ溢れ始めているので早く統合してほしいなって。

来店回数を減らすためにクーポンアプリを利用する

辻本　Mさんはけっこうポイントをあらゆる場所でやるっていう感じなんですね。

MO　わりとそうですね。あとなんか、頻繁に買い物に行っちゃうと、その都度行った回数だけ同じような金額の買い物をしちゃうんですよ。だから、店を訪問する数だけ消費が増えちゃうから。

辻本　はいはいはい。

MO　なるべくその消費をおさえるために、クーポンの配信があるまで待つとか。そういうことで行動に制限をかけているというのはあって。

辻本　笑　そうなんですね。

MO　だからポイントカードもあんまりダウンロードしすぎないっていう制限をかけると外に出たときにここの薬局はそもそもわたしポイントカード持ってないから入るのやめとこう、とか。

辻本　おお、そういうことか。逆にね。

MO　そう、現実のなかでの生活の行動を制限するために、あえてドラッグストアのポイントカードを入れておく、とか。

辻本　そうか。アプリはこれしかいれてないからココカラファインでしか買わない、みたいな。

MO　そうですそうです。

辻本　じゃあけっこうあれですね。自分のこの、欲望のベクトルをコントロールしないと溢れてしまうみたいな意識があるっていう感じですか?

MO　そうそうそう。そうなのかもしれない。油断するとすぐけっこう使いすぎちゃうかなあっていうのがあるから、ここでちょっとそれをコントロールしようっていうのはあるかもしれないですね。

辻本　そうなんだ。

MO　結局その、生協をやっているのも、サミットに行けば行くほど、毎回二〇〇〇円とか使っちゃうから。それだったら週に一回の生協の宅配でまとめて買っといたほうがサミットに行く回数も制限できるし、とか。そうやって自分の行動を制限してるっていうのは、うん、ありますね。

辻本　それはおもしろい。

意外とすごいアプリ「時計」

辻本　Mさんは一ページ目でよく使うアプリってありますか?

MO　うーん、なんやかんや、Spotifyと写真とか。あとでも「時計」の秒針はすごい見るかも。

辻本　え……?　時計の秒針……ってなんですか?

MO　アプリの。

辻本　わ、これはじめて見ました。これ動いてるんですね。

MO　動いてるんですよ!

辻本　笑

MO　で、意外とこれが重要で、なにで一番使うかっていうと、チケットを自分がとったりとか、あの、小児科、息子がいつも通っているところがすごいはやさで予約が埋まっちゃうので。

辻本　わー。

図1（再掲）　二段目に時計やカレンダーが配置されている

MO　プレミアチケットみたいになっちゃってるから、あの、なんか八時半ぴったりに予約が始まるっていうときに、デジタルの時計を見てるとなんとなく感覚として焦りがなくなるので、一ページ目にある「時計」の秒針をみながら八時半ちょいまえの五五秒ぐらいになったらリロードを押しまくって。

辻本　笑

MO　ページをひらいて。

辻本　イープラスみたいですね笑

MO　そんな感じです。わりとお世話になってますね。

辻本　これじーっと見てると瞑想みたいな気分になってきますね。アプリがちょっと小さい分、こう、凝視するような感じになって。
MO　すごいでもなんかよくできてるなって思いました。これ見たとき。
辻本　っていうか動いてるアイコンってこれだけですよね？
MO　そうだと思いますよ。ほとんど誰も気づかないのに、ここだけずっと動いてる笑
辻本　ちゃんと今の時間を表してくれてるんだ、これ。
MO　そうそう。秒針は一番きれいに見える角度っていうのがたしかあって。iPhoneの箱とかは、そのきれいに見える角度で止まってるっていうのを聞いたことがあったんですよ。そこで止まってるんだろうな、と思って見てたら、「あれ、動いてるな」ってなって笑
辻本　笑
MO　だから、あとカレンダーとかもなにげにこれけっこう参考にしてるかもしれないです。今日何日かな、とか。
辻本　これもめくられてるんですね。
MO　そうなんです。今日の日付なんですよ。
辻本　これおもしろいですね。そしたらいまって部屋にあんまり時計って、アナログ時計はないんですか？
MO　アナログの時計は一個もないですね。わたしはカチカチ言う音があんまり好きではないので。なんかその、首を振ってるおもちゃとかも全部棚の奥に隠させてもらってて。
辻本　規則的に鳴る音がちょっと苦手なんですね。
MO　そうですね。そっちに気がつくと、仕事中とかもカチカチ鳴ってる音が気になっちゃって。
……時計アプリもだから分類としては「家庭」のことなんですよね、自分にとっては。
辻本　ああ〜、そうですよね。
MO　カレンダーも仕事に関するスケジュールはサイボウズのアプリがあるのでそっちで見ていて。
辻本　なんというか、家の壁に貼っているような感じで時計とカレンダーがある、みたいな感じなんですね。
MO　そうですそうです。
辻本　たしかにこの上から二列目のところは、なんとなくこう、部屋っぽいですね。
MO　たしかに。もしかしたら上半分がそうなのかもしれない。
辻本　おもしろいです。いやでも、本当に全てがしっくり来る場所に置かれてますね。
MO　そうですね。自分でもなんか、今の状態はわりとしっくり来てる。

＃2　哲学からBTSまで語れる噺家占星術師

猫さえ見えればいい

辻本　どうですか？
SK　あー、アプリ。
辻本　はい。
SK　どうもなにもなに。
辻本　一ページ目ってどんなかんじですか？　お、最初のままのやつも多いですかねこれは。
SK　そうかも、なんもしてない。
辻本　たとえばFaceTimeって使ってますか？
SK　使わない。一回も押したことない。
辻本　でも一ページ目にはあるんですね？
SK　うん。動かしてないだけ。
辻本　うんうんうん。ここで一番見るのは。
SK　ヘルスケアとー。
辻本　ヘルスケア！　うんうん、とー？
SK　……歩く。
辻本　あー万歩計ですね。何歩歩いたか。
SK　あと写真とか。
辻本　一番見るアプリは？

図1　1ページ目

SK　えっ一番見るアプリなんだろ……AstroGoldかなあ。
辻本　あーAstroGold。AstroGoldは二ページ目になってる。
SK　あっでもなんかよく使うのって下にでてくんじゃん、あれ、出てこないか……。
辻本　ん？　下に出てくるってなんだろう。出てこなくないですか笑
SK　ふっふっふ笑
辻本　ちょっちょっちょ、まだ変えないで変えないで笑
SK　……出てくるように変えたい。
辻本　はっはっは笑　でもさ、ひらくと一ページ目がひらくじゃないですか。

SK　うん。

辻本　でも、あんまりここにこだわりはないってことですよね。配置に。

SK　うん、ない。おれはこうやってやってるときに〜猫が見たいだけだからこうやって。

辻本　あーこのページを横に動かす間にスッて見える猫が好きなの？

SK　うんそう。猫が見たいだけなのよ。

辻本　でも顔がけっこう隠れちゃってますよ。

SK　あのだから最近アプリ増えてきちゃって〜。……消したくなってきちゃった。

辻本　でもちょっと、今やらないでそれ。あとでやってください！

SK　おん……いらんわーみたいなやつあるなあ。

辻本　笑

SK　ほら、こう見えるじゃん。（スワイプしてアプリとアプリの間から猫を見せるSさん）

辻本　背景にこだわりあるのかないのかよくわからないですね笑

SK　へー。

辻本　背景に好きな写真を設定してアプリを上二段だけにしてる人もいました。

SK　あー全部見えるようにね。

図2　2ページ目

辻本　うん。Sさんは別にそこまではないってこと？

SK　最初はしてたんだけど隠れてしまった。ふっふっふ笑

辻本　笑　隠れてきちゃったんですね、自然に笑

SK　そう、なんかー、なんかアプリってさ横に四つって決まってんの？　この画面。

辻本　決まってるんじゃないかな。

SK　あっそうなんだ……なんかこう、もうちょっと行かないかなって思ってる。五個目を作れるんじゃないかと思って、そのやり方が分かんないなあって思ってた。

辻本　あーじゃあ五個にすれば上の二段に出来るかもってこ

とですね？

SK　そうね。だから、背景を見るために意識高いコンセプトはあったんだけど……でもしてない笑

辻本　笑

スマホはツールというより指を動かすおもちゃ

辻本　逆に一ページ目で全然押してないアプリありますか？

SK　あるよ。だって株価なんて一回も押してない。

辻本　笑　あとはあとは？

SK　あとブックなんて使ったことない、あとホームってなに？

辻本　爆笑　わからん。あとこれは？　ウォレットは使ってますか？

SK　……えなにこれ。

辻本　笑

SK　はじめて見た。なにこれＴＶっていうのは？

辻本　ＴＶっていうのは分かんない。

SK　まあ、株価、ＴＶ、ブック……。

辻本　ホーム。

SK　ホーム、ウォレット、リマインダー、よく分かんないなにこれ。

辻本　笑　おもしろいな〜これは。スマホへの意識が全然違ってる。

SK　……メールも使ってないしなあ。

辻本　笑　すごい!!　FaceTimeも使ってないんですよね？

SK　FaceTimeも一回も使った事ない。

辻本　使ってないの多い笑

SK　笑　うんほぼ使ってない。

辻本　下の四つは使ってます？

SK　電話とー。

辻本　うん、電話は使ってますか？

SK　そうだね、これはよく来る。今日もソフトバンクの工事のSMSっていうの？

辻本　あー電話番号で来るやつ。音楽は？

SK　これ聴くかも。

辻本　そうなんだ。で、これ検索だもんね。

SK　えっどれ？

辻本　これ（Safariを指差す）。

SK　あーそうだね……これ、ネット？

辻本　うん。

SK　ここもほぼ使ってないなあ……。

辻本　そ、そうか！　じゃあSさんてそんなにiPhoneは使ってないですか？　そんなひらかない？

SK　うん。

辻本　あっ、ひらかないんだ。それだったら分かってきた。

SK　ゲームがいっぱいすごい、これだけすごいずっとやってる。（四ページ目を見せる）

辻本　いただきストリート。

SK　うん。

辻本　でもそれを四ページ目にいれてるんですね。

SK　うん。

辻本　そんな iPhone ひらかないからページとかもう関係ないんですかね？

SK　うん……それなに、どゆこと？

辻本　これってひらくと一応ここが開くじゃないですか。一ページ目。

図3　3ページ目

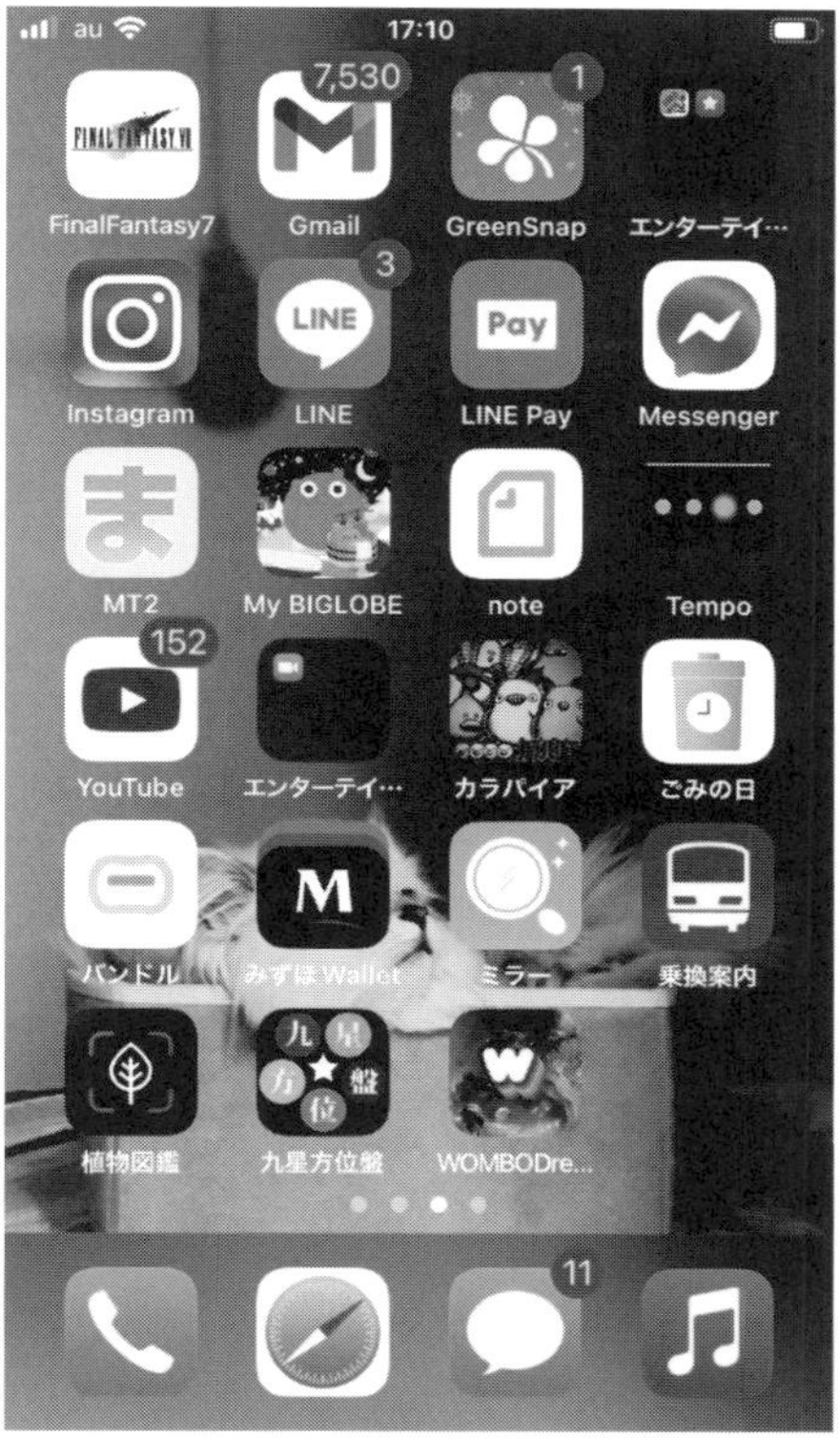

SK　あー最初に？

辻本　面倒くさくないですか？　だっていただきストリートやるまでにこんなんやってここに行かなくちゃいけない。ていう風にぼくはめんどくさがりだから思っちゃうんだけど。

SK　んー、あっ最近これ見るわ、ジモティー。

辻本　あれ、ちょっと話が……。

SK　ふっふっふ笑　あーだからー、そうねえ。

辻本　どこにあるんだっけ？　みたいになりそうで。

SK　なるねえ。別になってもいい。

辻本　ああいいんだ。

SK　あーだから、あれね……効率的にしようって事でしょー？

辻本　いやまあ効率的にしようとまでは言わないけど、分かんなくなっちゃうことにぼくは耐えていられないんです。

SK　あー。

辻本　どこにあるのかわからなくても嫌じゃないってことですね。

SK　嫌じゃない。うん。

辻本　うーん。いや良いですね、ここがなにも使ってないっていうのが良いっすね、一ページ目の。

SK　良いの？　なにが良いの？

辻本　今までのインタビューで出会わなかったから。

新しい話が訊けてるなって。

SK 笑

辻本 笑　ヘルスケアは、使ってるんですよね。

SK うん、よく見る。

辻本 っていったらさ三つくらい？　稼働してるアプリ。

SK うん、時計と、ヘルスケアと、まあ写真とかね。天気もほぼ見ないなあこれでは。

辻本 うん。

SK ……もーこっちとか全く分かんねえわ。

辻本 二ページ目？

SK うん。

辻本 笑　いや、でもわかりました！　iPhone そんな使わないんですもんね。

SK てか逆に言えばみんなそんな使ってんの？

辻本 みんなアレじゃない？　Instagram 見たりとか〜。

SK あ〜。

辻本 たとえば乗換案内はよく使うから一ページ目に置いとこうとか。

SK あ〜。

辻本 LINE もやりとりするから、一ページ目に置いとこうとか。

SK うん……ないねえそういうの。

本棚は導線を気にしている

辻本 え、でもですよ、たとえば本棚はどうですか？　Sさんの自宅には家が崩れるくらい本がありますけど。

SK 本棚はめっちゃ意識してる。

辻本 それはたとえば？

SK うーん……机があって右に本棚、右のここ（机から右に手を伸ばして届く範囲の本棚）とかの、やっぱりここ（とくに机から近い箇所）の辺とかは、俳句とか、あと歳時記とか、一番よく参照する。

辻本 ちょっと辞典的な本たち。

SK とか。この英語の辞典的なものとか。あと英語のこれは一番体系的な神話の図鑑みたいなやつだし、えっと一番よく参照する占星術の本と思想書。まあユングで言うと自伝じゃなくて『心理学と錬金術』だし、とかまあこのへんに置いてる。

辻本 よく参照する本を手に取りやすい位置に置いてるんですね。

SK うん。手が届く範囲に参照する本と、あと好きな本とか。

べつのスマホ像がみえてくる

辻本　そう、でこれと、話もうちょっと聞きたいんですけど、結局アプリっていうのもぼくはそれと似てるなって思っちゃうんですよ。
SK　なるほど。
辻本　で、一ページ目に、よく手に取る道具を置く、みたいな。
SK　なんか、今話してて、仮説だけど、なんか俺もうちょっと手遊びしたいんだよね。
辻本　ああ！
SK　なんつーんだろ……うまく言えないけどさ、最初にパンッてあったらさ、なんか遊べないじゃん。
辻本　そうですね。
SK　こう……こねくり回したりとか。
辻本　ちょっとペンまわしみたいな感じ？
SK　そうだね。これ（本棚にあったクルミを手にとる）をさ……こうやって回すじゃん。
辻本　うんうんうん。
SK　そんな感じ。「あ〜どこにあったかな〜」みたいな。
辻本　うんうんうん。だからちょっと遊び道具として、iPhoneを。
SK　そだね。でちろちろ猫がいるのが、なんか良いね。
辻本　笑
SK　うん。
辻本　おもしろいなあ。
SK　そう考えるとおれにとってiPhoneてなんなんだろうね。
辻本　そうですね。
SK　いじくりまわすなにか……。
辻本　その……ツールとか道具という側面がすこし薄いわけですよね？
SK　そうだね。
辻本　それこそさっきあそこに置いてたクルミじゃないけど。
SK　まあ、近いなあ。
辻本　うんうん。ちょっと手を動かす。
SK　うん。

図4　4ページ目

辻本　そういうことかあ。それは本当におもしろいです。だからアプリが最初のページにあるとかじゃなくて、こう……親指を動かしてススッて動くとか、それを見てたりするのが好きなんですね。それはまったくなかった視点。新しいスマホ像です、ぼくにとって。

SK　なんか赤ちゃんがシャンシャンって振ってアエエッてよろこんでんじゃん。あれと変わらない。

辻本　うんうん。

SK　動くとおもしろいし、で、やっぱチラチラ後ろに見えてるのが、自分の気に入ってるものだと……。

辻本　うん笑

SK　なんか、一番、サイコーみたいな。

辻本　うんうんうん笑

SK　多分結果的に考えてやったわけじゃないけど、まあそうなってるっぽい。

辻本　良い話。

SK　うん……でも今これ話しながら、「株価」とかなんか消そって……辻本くん帰ったら。

辻本　笑

SK　いらないもん。見たことねえマジで。

辻本　いやでもなんか、この話って、整理した方がいいって話にしたくなくて。この企画で話をきくことで、整理してる人がいることを気づかせてしまうと思って。それって良いことだけではないよなって思っているところもあります。

SK　ま、まあねえ。そうだねえ。

辻本　今スクショ撮っといてもらっていいですか？

SK　はい。

辻本　ありがとうございます。

SK　そしたらここも？

辻本　うんうん、三ページくらいで大丈夫ですよ。

SK　猫が見えないじゃん。この四ページ目ないと。

辻本　あーじゃあそれも、はい笑　そしたらもう入れ替えて大丈夫です。

SK　（機械音）これ、好きなの。メトロノーム。

辻本　うん。

SK　原稿を書けなくなったときとかにたまーにやって……。と言いながら最近はそんなやってないか。だから活用してないね。iPhone 活用してない派です笑

#3 建築科出身照明デザイナー

みんな色分けしてると思ってた

辻本　これは色分けだよね?

SS　そうだね。そうだね。

辻本　これはこうし始めたきっかけはあるの?

SS　え?　でも、スマホ持ちはじめからそうしてるとおもう。

辻本　そうなんだ。思いついたことがなかったなあ。

SS　みんなこうしてると思ってた。アイコンの色とかで並べてると思ってた。

辻本　自然だったんだね。それが。

SS　ちがかったみたい。

辻本　いや、でもSさんの見ると、自然に思うのもそうだなって思う。

SS　そうでしょ。

辻本　うん。

SS　だってなんかね、Googleとか全部一緒だしね。

辻本　これ青はさ、背景が白か、背景が青かで違うわけだよね。こうやってまとめると、この二つの種類があるんだなってわかるね。

SS　うん。そうだよ。だからアイコンって意外と似てるなって思う。赤と青が多め。

辻本　緑って意外とないのかな?

SS　意外とない。でも取ってるアプリによるのかもね。

辻本　たしかに青と赤多いな。

SS　多い。

辻本　黒ってあるんだね。あると思ってなかった。

SS　それでいえば、アマゾンとかまじでちょっとむかつくよね。

辻本　笑

SS　だってこれでいうとアマゾンとかけっこう唯一、茶色っぽい、ベージュっぽい。

辻本　これって段ボールなのかね?

SS　たぶんそうたぶんそう。

辻本　だからアマゾン的にもわたしたちのアイデンティティは段ボールって思ってる。ってことか。

SS　そうかも。でも最初はもっと違うアイコンだった気がするアマゾン。

辻本　おれもそう思う。

SS　だよね。最近だとおもうこれ。

辻本　たしかにすごい思うなあ……段ボールこそアマゾンだよね。だっていまや、届けてくれるのめっちゃありがたいけどさ。どこかで段ボール邪魔だなあって思っちゃうもんね。

SS　段ボールの廃棄めちゃむずい。めっちゃむずい。いっつも大量に家にある。

辻本　意外とさ、Sさんが分けてるところにいれられないアプリってあんまりないってことだね。

SS　たしかに。

辻本　これアマゾンはなんでこの黒のところにいれたの？

SS　たぶんいれるところなかったからだと思う。でも分けるとしたら唯一だけど、唯一だとフォルダにならないじゃん。

辻本　一個だとフォルダにならないよね？

SS　一回つくればできるのかな？

辻本　じゃあもしかすると、ここに無理やりいれるより、アマゾンだけのフォルダができたほうが、Sさん的に自然ってことか。

もっと統一している人もいる

SS　そう。でも最近あれだよね。フォルダ自体に写真とかつけられるよね。

辻本　そうなの？

SS　そうそうそう。だからひらくまで中身が見えないというか。Android みたいに。フォルダに写真を設定できる。

辻本　おれぜんぜんわからないんだけど。フォルダの背景ってこと？

SS　フォルダの背景っていうか、フォルダのトップだよね。ちょっと、画像……。

辻本　フォルダを押したら写真が表示されるってこと？

SS　えっと。

辻本　検索してみるわ。フォルダ・写真ってやればいいのかな？

図１　１ページ目

SS　えっとなんか。これこれ。（図2）
辻本　え？　あ、どういうこと、これは……。え？　あ、わかったわかったわかった。アイコンをつくって割り当てられるってことか。
SS　そうそうそう。で、なんか全体的に統一感を出すみたいな。
辻本　わ、こだわりだなこれは。Sさんは次これいこうかなって思ってるわけ？
SS　や、でもこれけっこう大変だよ。
辻本　大変でしょこれは、かっこいいけどね。
SS　これは大変だなあって。いやー大変だよこれは。
辻本　いまこれSさんだったらさ、全部色の名前で行けるね。というか、色のベタ塗りでいいかもね。それだったらそんな大変じゃないかも？
SS　たしかに。
辻本　色だけってのかっこよくない？　パレットみたいで。
SS　これをしたい人たちは、さらに上をいく統一感だよね。
辻本　これはSさん的には自分より上に感じるわけね。
SS　上に感じるよ。だって、機能も統一感もみたいなことじゃん。

図2　引用画像（参照元は記事末尾）

辻本　そういうことか。たしかに機能でまとめつつ、デザイン的に統一感ってことだね。
SS　で、写真とかも貼れるんだよね。だからそういう感じで統一感出せる。
辻本　というかさ、この二枚目の人さ、下のアプリのところも写真にしてるね。全然なんのアプリかわからない。（図3）
SS　これは多分。アプリのアイコン設定してるんじゃないかな。
辻本　え、これはAndroidってこと？

SS　いや、これはiPhone。

辻本　え、iPhoneもそういうことになったの?

SS　そうそう。Androidはけっこう最初からできたじゃん。それが最近できるようになった。でもiPhoneは直接変えるっていうよりは、経由してひらくみたいな感じに設定するんだと思う。一回やろうとしたことあるんだよね。

辻本　ちょっと手間がかかるんだ。

SS　ちょっと、いやちょっとどころじゃないよ。だってこの統一感のある画像を探してこなきゃいけないし。このアイコンの分。それがまず大変。

辻本　これはじゃあいま統一感方向でいくと先を行っている人たちってことね。

SS　うん。

辻本　誰かがつくってるってことだよね、このアイコンを。それで背景白にしちゃって。

SS　白にしちゃって笑

辻本　背景に写真を設定できるのにあえて白を選ぶ……かっこいい。

SS　ね。

辻本　でも一枚目の人は、あれだね。この人はフォルダじゃないね。アプリ自体のアイコンを全部同じデザインにしたかったってことだね。

SS　そうかも。

辻本　これはなんか楽だったらやってるかもしれないってこと?　設定が。

SS　いや……やってないと思う。

辻本　いまでも良いもんな。

SS　やってないと思うわ。

めんどくさい方がいい

辻本　これさ、たとえばSafariひらきますってなるじゃん?　そのときさ、絶対フォルダ押さなくちゃいけないじゃない。それはめんどくさくないの?

図３　引用画像（参照元は記事末尾）

SS　めんどくさくない。え、でもけっこう、縦にスワイプするとさ、アプリ検索になるじゃん？　そこから前に使ったアプリが出てきて、それを押したりもする。

辻本　ああ！　そこからアプリ押したこと一回もないわ。そ、そういう方法かあ。

SS　えーでもなんか、そんな忙しい状況にないかもしれない。「ワンタップでいかないと！」みたいなときがあんまりない。

辻本　それはおれもあんまりないんだけど……。「間に合わない！」とかそこまでギリギリで生きてるわけじゃないんだけどね笑　一回多いとおれはめんどくさいなって思っちゃうんだよね。

SS　あーたしかにそっち側からこっち側にくるのはたしかにそう思うかもね。でも前からそうだから。

辻本　そうだよね。そうだよね。

SS　多いとかじゃない。だって全部がそうなんだもん。

辻本　そうだよね。いまこれ見たらそうだわ。

SS　下の四つ以外は、全部二回以上押さないといけない。

辻本　そうか、そうだよね。家とかでもさ。全然関係ないかもしれないけど、廊下を通らないと自分の部屋に行けない家もあれば、廊下を通らずに自分の部屋に行ける家もあるわけじゃん。廊下を通って行く人に「めんどうですか？」って言っても「いやいやそれはめんどうじゃないです」って言うわけだよね。

SS　たしかに。間取りだとさ、一筆書きでいける間取りがいいらしいよ。

辻本　どういうこと？

SS　たとえば、全部が一本の線でつながってるみたいなこと。家の真ん中に水回りがあって、それを取り囲むように各部屋が配置されてて、平家を丸く一周したら各部屋にいけるみたいな。

辻本　真ん中に中庭があって、まあるい廊下があって、外側にぽんぽんぽんぽんぽんって部屋があるみたいな。

SS　迷路っぽい家よりは、住宅とかではいいみたい。

辻本　いまSさんのホーム画面のフォルダは、それぞれが部屋みたいになってるね。

SS　たしかに。

緊急があるアプリ

辻本　これ下の四つはどうやって選んでるの？

SS　まじで一回で押さないと緊急なときがあるやつ。「いそげー！」ってやる率が高い四つ。

辻本　逆にあるってことね？　その緊急が笑

SS　あるある。それがこの四つ。だってもう写真とかまじでそうだもん。

辻本　まあそうだね、たしかに写真はそうだ。わかる。Spotify は?

SS　あるある。いそげーって。いまこれ聴いたやつ早く良いねしとかないとわすれちゃうとか。

辻本　そうかそうか。その評価であとからもう一回出てくるとかが変わるからか。

SS　そうそうそう。

辻本　左はなに? これは。

SS　スケジュール。ライフベアっていう。これずっと使ってる。大学一年生から使ってる。

辻本　そうか。緊急があるのか。だから逆に緊急じゃないやつがあるってことなのかなあ。おれは緊急はないけど、全部まあまあだなあ。めんどくさがりなんだろうなあ。

SS　そうかも。

辻本　めちゃくちゃ急げってことないなあ。

SS　笑　めちゃくちゃ急げってことある。

辻本　あるんだね。これたとえば Spotify 入れるとしたら、緑のところに入れる?

SS　いや、うーん……黒かなあ。

辻本　く、黒かあ。でもこれ Spotify くんもけっこう特殊だよね。

SS　そしたら、これギターチューナーと一緒にフォルダつくるかも。

思考が派生する可能性をつくる

辻本　そういうことか。たしかにたしかに。それは美しいかも。うーん。そうかあ。めんどくさくないんだなあ。

SS　しかもなんかめんどくさいほうがいい、みたいなところもある。

辻本　めんどくさいほうがいい、かあ。

SS　たとえばSafariとかよく使うからどこにあるかわかるけどさ。たまにしか使わないアプリだと、えっとどのフォルダだっけ、ってなるじゃん。

辻本　やっぱそうだよね。

SS　それでそれを探してる最中に、あ、このアプリもあったな、ってなって、でここからあれやろうと思ってたなってことがめっちゃある。

辻本　それめっちゃいいね。そうか。たしかにね。探してるうちに他のアプリも見ることになるってことか。それはすごい良いかも。

SS　なんかその、考え、思考が派生する可能性を増やしてるみたいなのはあるかもね。一発で行けちゃうと絶対寄り道しない。

辻本　そうだよ。ほんとにそうだよ。おれなんて寄り道しないからおんなじアプリしか使わないもんな。ほんとに。

SS　うん。使うアプリしかいれてないつもりだけど、毎日使ってるのって本当に数個だよなって思う。
辻本　本当にそうだよね。
SS　うん。
辻本　じゃあけっこう消したりする？　使わないやつ。
SS　する。そのときにする。アプリ探していれて、使わないなと思ったらすぐ消す。
辻本　背景はたまに変えるの？
SS　めっちゃ変える。
辻本　え、めっちゃ？
SS　うん。めちゃ変える。
辻本　それは「もう変ーえよ」って感じなの？
SS　良いのが見つかったり、今使ってるのが違うなってなったときに。
辻本　これはいまのやつは、あれだね。なんか恐竜とか出てきそうだね。なんかジュラシックパークのイメージなのかな、おれのなかで。
SS　たぶん使われなくなった温室というか植物園？
辻本　そうそう。ここなら逃げられるってなって逃げ込んだら外から恐竜に壁バンバンやられてこわいっていうイメージ。
SS　完全にジュラシックパークじゃん。
辻本　そういうイメージがあります。

なにが目に入っているか？

SS　そういえば、こういうこともあるよ。（図4）
辻本　え、なんですかこれは。ん？　まじかよこれ。アイコンが完全に背景に同化してるじゃん。これは行ききったね。なんかもはや文字が邪魔に見えちゃう。
SS　この人たちは文字を消したいだろうね。
辻本　すごい。もう本当に知らない世界だなあ。これはもうおれにとってネイルくらいわからない。
SS　笑　新たな世界だね。おもしろいよ。
辻本　うん。
SS　凝るとキリがないなっていうのがある。
辻本　Sさんはこっちの方向にも関心を向けてるってことだよね。
SS　うん。関心を向けてるっていうか、関心を向けなくても入ってくる。なにかしらインスタとかツイッターとかやってれば入ってくる。
辻本　そっかそっか。そういうのを気にしている人をフォローしてたり。ああ、そうか。おれはまったくいないなそういう人。タイムラインにも流れてこないわ。たしかに一件でも流れてきてたら知ってるはずだわ。
SS　まわりにも興味ある人がいないのかもね。
辻本　でもそれはおもしろいことだな。だってひとりもフォローしてないってことだもん。見たことがなかった。

SS　しかもけっこう話題になったもん。「iPhone できるようになった」って。

辻本　そうなの？　おれもデザイン系の人フォローしてるけど、そういう方向のデザイン系の人じゃないってことだよね？　おれがフォローしてるのは。

SS　そうかも。でも年齢もあるかも。大学生とか、より下がやりがちな気がする。あんまめっちゃ大人な人でやってる人見たことないかもしれない。

辻本　でもかっこいいなあこれ。

SS　統一感ある。

辻本　ホーム画面、カスタマイズとか調べればいいのか。

〈参照〉

図2　『ホーム画面をおしゃれでシンプルにするには？　iPhone用白黒デザインも配布！』アプリボ（最終閲覧日：二〇二四年四月六日）https://downtownreport.net/app/iphone-home-screen-oshare-simple/

図3　ナナ『ベージュで統一されたカスタムホーム画面が素敵なshioriのスマホの中身』CAMPUS GRAFFITI（最終閲覧日：二〇二四年四月六日）https://campusgraffiti.jp/contents/?id=210615238

図4　RiLi編集部『【iOS14】ホーム画面を自分好みにアレンジ！新機能・ウィジェットがかわいいアプリ5選』RiLi（最終閲覧日：二〇二四年四月六日）https://rili.tokyo/articles/a64492860591

図4　アイコン背景色と壁紙の色が同じ

#4 もうすぐ子供が生まれる製薬会社社員

デフォルトが一番美しい

辻本　えっと、Kくん、いま時間大丈夫？

KH　大丈夫。あのね。奥さんが風呂入ってて、そのあとご飯食べるってなってるだけだから。

辻本　そうなんだ。じゃあ、ホーム画面の話させてもらえませんか？

KH　いいよ。けどおれのつまんないよ。

辻本　そんなことないよ。大丈夫。むしろなんでもない日常の話を聞きたいところもあるからさ。あ、これAndroid？　そうか。Android使ってるんだね。これは背景さ、デフォルト？

KH　そうそう。デフォルトだよ。

辻本　変えてないんだね。

KH　変えようと思わないんだよねおれ。ずーっとこのまま。なんでかっていうと、デフォルトが一番考えたデザイナーが設計したものじゃん。だから一番良いはずなんだ。そう、下手におれみたいなやつがデフォルトいじったら、その時点で美しくなくなるわけよ。デフォルトイズベストなの。

辻本　そういうことね。

KH　だからおれは変えてない。一切変えない。

辻本　変えないんだ。

KH　そう。

市松模様にこだわりがある

辻本　でさ、これさ、Android詳細にわからないんだけど、これは本当は横にぎっしり並べていけるのに、Kは間を一個

図1　1ページ目

ずつあけてるの？

ＫＨ　そうなんだよ。そう、誤作動起こす可能性あるじゃん。ちょっと指がずれちゃって押しちゃったり。それが嫌だから、ずらしてるの。

辻本　あいだをひとつあけて。たとえば「乗換案内」を押したいのに他のやつを押しちゃわないようにしてるわけね。

ＫＨ　そうなんだよ。あと、ごちゃごちゃしてるのが嫌いなんだよ。だからこういう市松模様みたいにしてる。

辻本　市松模様。背景もそうだし、けっこうすっきりさせたいっていうのがあるのね。

ＫＨ　そうなんだよね。あんまりいじりたくないなって。

親指に合わせたレイアウト

辻本　電卓アプリはけっこう使うの？　仕事？

ＫＨ　電卓けっこう使うかも。仕事じゃないんだけど、なんだろうね。たとえば、よく使ってるのは……そうだね、仕事でも使うけど。それ以外にも買い物行ってるときとかに、消費税計算したりとか。

辻本　消費税っていうのは、カゴにいれていくたびにってこと？

ＫＨ　いやいや、だいたいいくらぐらいかなーとか。あとは、なんだろう。けっこう電卓使うんだよね。使うんだけど、使いすぎていろんなシチュエーションで。たとえば残業何時間したのかなとかさ、申告しないといけないから。あとは、今月、本代何円使ったのかなーとか、雑な計算したりとか。

辻本　そうなんだ。

ＫＨ　そういうの好きなんだよね。電卓とか数字いじるのが。

辻本　数字を計算する時間が好きなんだ。

ＫＨ　うん。ちょっと好きだね。

辻本　FiNC BIZ これはなに？

ＫＨ　いま Fitbit つけてんの。このデータをこのアプリにうつすと、カロリーとか体脂肪率とか、心拍数とか記録してくれる。だからヘルスケアのアプリかな。Shazam わかる？

辻本　音楽わかるやつだよね？　けっこう使う？

ＫＨ　たまに使うね。たとえば、喫茶店行って良い音楽あったなあってときとかに、Google じゃ調べられないから Shazam で調べて、このアーティストかってなって YouTube で調べる。

辻本　最近はどこで使ったかとか覚えてる？

ＫＨ　ちょっと待ってね、いま見てみる。スターバックスかタリーズかなんか行った時に流れてた音楽なんだ。最近は記録してくれるんだよね。……フランシス・ラングってわかる？　これがよかった。あとで送るから聞いてみて。

辻本　オッケー。Ｋはたしか海外のアーティスト好きだよね。

ＫＨ　あんまり歌詞先行じゃないんだよね。歌詞っていうより、曲のリズムとかそういうのが好きで、ことばとかも楽器に見えるというか、あんまり意識してない。

辻本　うんうん。Ｋはさ、ほんとはもっと一ページ目にアプリ置けるけど選んでこれだけにしてるわけだよね。それはさ、なにか選ぶ選び方はあるの？

ＫＨ　一ページにおさまるアプリの数なのに、わざわざ市松模様にして二ページにしてるんだよね。

辻本　おお、市松模様にはこだわりがあるわけね？

ＫＨ　そうそう笑

辻本　一ページ目のほうが二ページ目のアプリより使う？

ＫＨ　そうだねえ。Evernoteがめちゃめちゃ便利で、最近読んだ本のこととか、仕事のアイデアとか。全部Evernoteにいれてる。でEvernoteが一番使いやすい位置には置きたくて。左でこう押すじゃん。だから一番近くに置いてる。

辻本　親指の近くに来る場所ってこと？

ＫＨ　そうそうそう。あと、天気情報とかっていうのはあんまり見はしないんだけど、やっぱり毎日確認すると思うんだよね。だから一番上に置いてる。けっこう機能的に置いてる。けどLINE置いちゃうとLINEばっかり見ちゃうから、そこに置くのはやめようかなとか。置きすぎるとスマホ使っちゃうからさ。……Evernoteいいよね。

辻本　Evernoteいいよね。すこし重く感じるときあるけど。

ＫＨ　たしかにある。そうなんだよね。どんなアプリもさ、シンプルでいいのに、新機能をどんどんつけちゃうよね。動作がそれで重くなっちゃう。

辻本　そういうとこあるかも。

ＫＨ　お、ごめん。そろそろご飯だわ。

辻本　おお！　ありがとう。ごめんね遅くに、ありがとう。

図２　２ページ目

#5 仕事の友は「水曜どうでしょう」、ラップするイラストレーター

育児でコンテンツとの接しかたが変わった

辻本　整理したりしますか？　アプリの置き方とか。

NS　アプリ、そうですね。ぼくそんなに多くダウンロードしてない方だと思うんだけど、どうなんだろう。あんま整理してるって感覚はないですね。ずーっと同じ場所にある感じです。

辻本　三ページ目はけっこうゲームですね。

NS　そうですね。二ページ目もほぼゲームと漫画が多いですね。まあだから、一ページ目が仕事用で、二、三ページが娯楽に近いですね。

辻本　下は、三つにしてるんですね。

NS　そうですね。そうかそこも人によって違うのか。

辻本　でも三つの方もいますよ。

NS　LINEでけっこうやりとりするし、一ページ目がだんとつ使ってますね。電話もこれでするし。

辻本　そうか、Nさんは会社とのやりとりが多いからこの電話で電話することが多いんですね。

NS　そうですね。会社とのやりとりだとLINEは使えないんで。たしかに、そこらへんは仕事によって違いそうですね。

辻本　どれをよく使うとかありますか？　でもNさんは制作の時間が多くてそんなにスマホ使ってないですかね。

NS　いやいやけっこうスマホみてますよ。やっぱりSNS

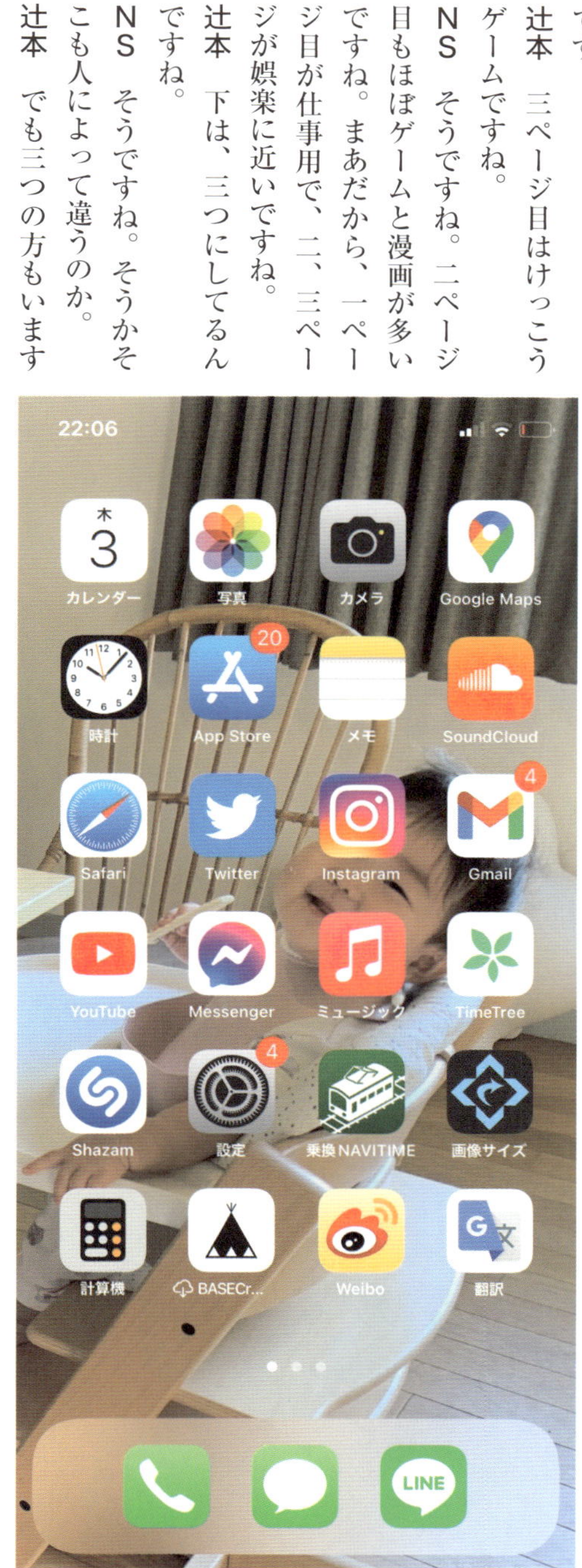

図1　1ページ目

ですかね。圧倒的に多いですね。Instagramと、Twitterと、去年からWeiboっていう目の玉のアプリ。これ中国の「Twitterなんですよ。

去年あたりから中国でもすこしファンが増え始めて。だからこのまえの展示のときも中国のファンの方がけっこう来てくれたんですよ。日本在住で中国出身の方。それでWeiboやったほうがいいよって言われて、でそれで作った感じなんですよ。だからSNSが三つ同時進行している感じです。

辻本　Weiboはなにに近いんですか？　やっぱりTwitterですか？

NS　そうですね。でもWeiboは画像がすごくて、二〇枚くらいあげられるんですよ。画像あげてる人も多いです。Instagramの要素もあるTwitterですね。

そこらへんのチェックをしたり、自分の投稿したりとかっていうのが多いかなあ、メインは。あとはYouTubeで「水曜どうでしょう」を観る。ぼくのミュージックのなかにも副音声がほぼほぼ入ってるんで、それをラジオ代わりに聴いてる。

辻本　前におっしゃってましたね。購入したDVDからそこだけ音声データにしているって。

NS　そうなんです。けっこうSNSは自分の投稿がどうなってるかをチェックすることが多いかな。他の人の投稿も見るけど、たくさんチェックするってほどではない。

あとはゲームかなあ。ぼくもともとゲーム好きだったんですよ。でも子供ができてからは全然ですね。もうやる時間が全然なくて。

辻本　それ同じじゃないですけどわかります。うちも犬が来てから娯楽に割く時間が減りました。

NS　そうですよね。興味がいかなくなるんですよね。

なんかこう興味を持つっていう感覚が、若干枯れ始めてる、忙しすぎてそれどころじゃないって感じで。たとえばスニーカーとかは、昔はもうほしかったら絶対手に入れるとかあったんですよ。いまはもはや「ないならないでいいわ」みたいな。それが良くないわけじゃないけど、ちゃんとほしいものにはエネルギーをと思ってこないだ本買ったんですけど、開けもしないんですよ。あと漫画も買ったんですけど読めないですね。精神的に読んでる場合じゃないというか、活字をゆっくり読んでる場合じゃない感じで。

集中することと外に意識を向けること

辻本　それは仕事が忙しいっていうのもあるんですよね？

NS　そう。仕事と育児でほぼ一日がぱんぱんなんで、仮に仕事をゆるめてエッセイを読もうってなるとして、雑誌とか……脳味噌が切り替わらないんです。ぼくそんなにオンオフを切り替えるのが器用なほうじゃないんで、絵を描くのが好きっていうのもあるし、本を読んでるっていうスローな時間に耐えられないっていう。だからそれが今問題ですね。

辻本　そういえば、昔ゲーム会社にいたときに、コンセプトアートを描いている方と一番仲良くて、飲みに行ったときに「さっきまで絵描いてたからいま言語野がうまく働いてないんですよ」って言ってて。

NS　そうそう。そんな感じです。それがけっこうもう二四時間って感じなので。本当に描いたあとに人と話すともうほんと喋れないって感じになるんです。戻れなくなる。それはなんとかせねばと思っていて。唯一寝る前に漫画を読むとかはあるんですけど。それくらいですね。

辻本　なんとかしないと、って思うんですか？

NS　思ってます思ってます。でもいま三歳と一歳か。で、世の中で言われてるの見ると、人生の中では一番圧迫されてる感じだと思うんです。その育児をどけてまで自分の時間を確保するのはない。でもちょっとインプットを心掛けとかなきゃいけないなって。

辻本　そうなんですね。

NS　たとえば散歩とかするんですけど。散歩もちゃんとしようと思ってて、散歩すらめんどくなったらやばいなと。一つのことに集中してしまって、そうなりがちなところがあるんですよ。興味の幅がどんどん狭くなって、気分転換すらしなくなって、そうなってくると食事すらめんどくさくなって、風呂入るのもめんどくさくなって、みたいになっていくと思うんですよね。そうなってしまうと表現者としての感性が死んでいきそうな気がするんですよ。

辻本　Nさん、そういえば音楽もやってらっしゃいますよね。それはイラストと脳の使い方は違うのではないですか？

NS　基本的には音楽もイラストとおんなじですね脳の使い方は。アウトプットのルートが違うだけで、ぼくがやってることはあんまり変わらないです。ラップになるというだけで。絵がうまくいかないときにラップをしたり歌を歌うとすごく良い気晴らしになったりっていう関係値はあるんですけど。

　音楽は毎日聴いてるんで、それは良いんですけど、文章ですね。文章からのインプットがない。

辻本　そうなんですね、文章。Nさんは育児でアプリとかは使っていたりしますか？

NS　育児でアプリは妻が妊娠中に、何か月とか表示してくれるアプリはあったんですけど、それは今は使わないので消していて。あと、どこに子供のオムツ替えができるお店があるかっていうのをマップで出してくれるアプリがあるんですよ。それも一人目のときは持ってましたね。

辻本　そうか。二人目のいまはもう場所がわかってるから。

NS　そう。もうだいたいわかったんで、新しい駅とかでどこで食事したら一番良いかとかもそれで調べてましたね。素晴らしいアプリですよ。唯一あるとしたら三ページ目の「コドモン」っていうアプリが保育園のアプリで、たぶん全国かはわからないですけど、東京の保育園はほぼこれ使ってて、朝なにを食べたかを全部記入したりその日の体温体調とかをコドモンに打つ場所があるんです。それをポチって押すと、保育園に送ってくれるんです。

辻本　おお。

NS　出席簿みたいな。今度逆に帰ってくる前とかに保育園から今日食べたものとか、今日の昼寝の時間とか、あと一日通してどういうことがあったか、鼻水が出てるとか背中に発疹がありますとか。

辻本　それは良いですね。これあったら安心ですね。

NS　そうですね。もう保育園がこれでやりとりしますってなってるんで。ほとんどのところはコドモン使ってるんじゃないですかね。

選択のベースにある感覚

NS　だからあんまり余計なアプリはとってないっていう感じですねぼくは。

辻本　たしかにNさんはいらないものは消してるんですね。

NS　消しますす消します。あとゲームですね。

辻本　三ページ目にけっこうゲームありますね。クロノトリガー、ドラクエⅥ、ドラクエⅤ。ぼくも世代です。

NS　いまのSwitchとかだと新しすぎちゃって、当時のゲームをやって安心するっていう人間なんで、結局昔のをやっちゃうんですよ。ぼくは今はニンテンドークラシックミニを買ってて。もうあれなんですよ、フェーズとしてはゲームを楽しみたいっていうよりもゲームで幼少期に帰りたいっていう感じなんです。安心するんです。

辻本　安心。

NS　ぼく基本的に癒されたい、リラックスしたい、安心したい、っていうのがすべての表現のベースになってて。イラストも基本的に自分が見たときに癒される、かわいい、心地よくなるっていうのがあるんですよ。

辻本　その核みたいな感覚が中心にあるんですね。

NS　そうなんです。音楽やるにしても、癒されるっていうのが基本にあって、だからラップをやるにしてもバリバリ攻撃的なラップなんて一個もないし。基本的に安心したい人間なんです。だからゲームも最新のゲームをやってエキサイトしたいっていうのはなくて。昔はあったんですけどね。

ここ草っぱらキック
#2.「僕はこう」
鮎川奈央子

わい！
わい！
わい！
君の踊りはすごく変だったなぁ わははは
そうだった？
うんうん
もっとぶつかりあってみんなダイミング
合わせて！ダイでのサビのところでわかれて
右と左に中心に走り出して
あはは

だって・・
言ってたもん
うわあああ
なあ〜
好きなように
踊れ!!!
なあ〜〜
君だけの動きだ!!
それでいいんだ!!!
わあ
あああ

おはよー
おはようございます
おはようございます

みなさまおはようございます
今日は2頭の恐竜さんが来ますねー
・全身洗う
・お外で
・朝来店予定
・大きな身体です
ぺらり

オーライ
オーライ
のそ　のそ
ウィーーン
体温チェックします
はい
おはよ～

ゴッシ！
ゴシ！
きもちいですか〜
ザバ
きゅっ
きゅっ
きゅ
きゅっ
きゅ
きゅっ
ぽかぽか
ぽかぽか〜
きもちいってさ〜

いいんだけどいいんだけど

シャンプー
とってくー
いつも通り

いつものばしょ

いつもの

みんなが居て、
いつもの、場所。

ごはん
ごはーん

いったん
休憩でーす

おつかれさまでーす

ぼくはなんだなんだか…

え
ねえ、ねずみ
踊るよ!!!
踊ってみてよ!!!
うわあ
うわー!!!
うきうき
うきうきするよ
わくわくしてよ!!!

#2 映画『シェーン』の悪役ジャック・パランスからひきだされた思考

（絵巻物）

イラストレーター
路上観察学の仕掛け人
林丈二（はやし じょうじ）

（シェーンとの）決闘の前、悪役のジャック・パランス（ジャック・パランス）は
酒場でゆっくりと
コーヒーを
味わっている。
これがかっこいい。
赤瀬川さんは
こういうところまで
ふくめてジャックパランスの
悪の要素を感じて
何だか気にいっていた・・・
かと思うけど、さて？、

悪の亜（亜）
には
二番目という
意味…

左手でコーヒーをのむ

ききての右手は
手袋をつけて
休めている

のみすぎたかも

コーヒーたっぷりの
コーヒーポット

DVDを何度も
見なおしたら

ボクが思うには 二番目の心は裏の心でもあり、影の心でもあって
一般的には亜の心はダメ、と言われたりするけど、
亜の心には常識の力をうちやぶる意識がふくまれていて
それが

悪の美

ともいうべきものの
につながっていて
それが赤瀬川さんの
超アートの素になって
いるというような
気がする。

アラン・ラッドの
シェーン

正義の味方は生きるのが
キュウクツ

でも最後は
亜の心を使用した

白い服装のシェーンの
アラン・ラッドは アクのない正義の役
だったからか、その後、役者としては
パッとしなかった。黒っぽいイメージの
ジャック・パランスは そのアクの強さ
から、ずっと 有名になって活やくした

しかしなぜ
殺し屋ウイルソン
↓
ジャック・パランス
はピストルをにぎる
右手に黒皮のてぶくろを
するのか？
家内によると、手が乾燥肌で
ピストルがすべりやすいのではないかという。そこで、
これまで、皮てぶくろをして
ガンファイトをした
西部劇スターがいたかどうか
五十本ほどの映画をしらべたら
↘

黒いアイマスク
黒手ぶくろで二挺拳銃
955年「ローン・レンジャー」の
クレイトン・ムーア

右手だけてぶくろ
左手はここにはさんである
1953年
「シェーン」

1959年「ワーロック」
リチャード・ウィドマーク
茶色
茶色

1961年「黒い狼」の
ダーク・ボガード
完全に黒づくめ
◎けっきょく「シェーン」の
ジャック・パランスが一番古いのか？

同じく「ワーロック」のアンソニー・クイン
右手のみはめている
黒皮

最近では2015年
「ワイルドガン」の
ブライアン・コックス
両手
黒っぽい
手袋

ローン・レンジャーは

◎わが家でテレビを
買ったころしばらくして
三十分番組ではじまった
懐かしい。

日本では
1961年から
放映された

(主演は
ガイ・ウィリアムス)

◎同じ頃、
怪傑ゾロ
もやっていた。
黒いアイマスクに
黒い手ぶくろ
↓

◎こんな調子で
のヒーローを

ということは
影のヒーローの
(最初はゾロかも、

1940年
Zorro

タイロン
パワー

両手とも
黒い
手ぶくろ

マントを
はおっているのも
スーパーマンや
バットマンに
つながる

さらに古くはタイロン・パワーもやってる!

①芋②づる（ゾる）

“先にすすも…

話がどんどん巻きもどされ
記憶の外にまで飛んでいってしまう
でき行くところまで
行ってしまおう！

（ゾロ！

ゾロをたどっていくと1920年に
ダグラス・フェアバンクスも
やっているが、これは
手ぶくろをしていない、

ところが、
1947年、
ゾロの息子
↓
というのがあって
ゾロなのに
西部劇!!
これがちゃんと
黒い手ぶくろを
つけていた。これはシェーンのジャック・パランスよりも古い!!

SON OF ZORRO

1947年

ジョージ・ターナー

← 顔全面黒いマスク

たぶんTVの30分番組
あまり強くない。毎回あぶない。

あかせがわさんがすきなジャックパランスのことは

ずっとひっかかっていて
これぞ書いておけばということから始めたら、ただ懐かしい話をしているだけになっていく……

けれども、このひっかかっていることやものが、
自分の素になっているような気がする。

今その
ひっかかりを
頭の外へ

昭和36年5月
発行
続、西部げき読本

ようだ。

たまたま「シェーン」にひっかかったのだけれど

なぜシェーンを見に行ったのか？

きっとこれだ

最近本箱から見つけた

買った当時はのめりこんで数百回は読んだのでボロボロになっている。

映画の友 臨時増刊

続 西部劇読本

特集 これがコルト45だ！

チャンネルを西部劇に廻せ！

数十年ぶりに内容を見たらひっかかることがいくつもある。今だにすてずにもっているものにはやっぱり何かあるものだ！

つづく

（占いコラム）

失われた世間を求めて

第2回　騒動師

SUGAR（西洋占星術家）

「むやみに暴れてはいけません」。

幼いころから親や先生と名の付く大人たちから、事あるごとにそう言い聞かされてきたし、そんな〝当り前のこと〟は改めて誰かの口を借りて言われなくても、もう十分に内面化しきった〝大人〟になっていたつもりだった自分が、それでもふと暴れたくなった瞬間があった。

それは二〇一六年のある日、当時住み始めて数年が経過していた武蔵小山の駅前の広大な一画が再開発され、建設中の敷地を仮囲いするバリケードに貼られていた「日本一、感じのいいタワマンへ。」という広告コピーを見かけた時だったように記憶している。こんなタチの悪い冗談があるのかと、一瞬にして足もとがぐわんと大きく揺らいだような気がした。

というのも、そこには少し前まで、駅を出るとすぐにもくもくと煙の立ちのぼる焼き鳥屋が見え、その立ち飲みカウンターで昼から酒を飲んでいる妙な大人たちがいて、その裏の路地街にはフィリピンパブやバー、狭小なごはん屋さんがひしめき合うように立ち並び、そこにはスーツを着込んだ人間が完全に浮いてしまうような異国情緒溢れる別空間が存在していたのだ。

実際に自分がそうした路地裏の店へ足を運んだことは数えるほどしかなかったが、そこではいろんな国の出身の人がいろんな商売をしていて、毎日どこかに騒ぎがあって、それが遠くの祭り囃子（ばやし）のようで。なんとなく、ほかに行き場のない人間を無言で受け入れてくれる懐の深さのようなものを感じるようになって、いつからか「街に癒される」という感覚を抱いていたように思う。そして、個人的にそういう思いに駆られたのは、おそらく人生で初めてのことだった。だから、ある日を境にそうした〝別空間〟があっという間に解体されていった時は愕然としたし、だんだんと街が書き換えられていった時にはそこはかとない喪失感に襲われたものの、それでも自身の生活の歩みを唐突に止めるまでには至らなかった。あのコピーを目にする時までは。

そもそも「感じがいい」という表現は、職場の人間関係やプライベートの交際模様などについて伺う際の「うまくいってますか?」に対する「ぼちぼちでんな」のように、そこに集った人たちのあいだでおのずと醸成されてくる空気感のようなものに対して内部から使われる言葉であって、突然やってきた外部の人間がそれまでの生きた街の表情を問答無用に奪い去った後に突き立てるような言葉ではないはずだ。

極端な話、広島の原爆投下跡地にやってきたアメリカの軍関係者が「グッド・プレイス!」ってメッセージプレート置いたりするか? そう思って憤慨していたはずなのに、どうしたことか、そこからの次の一挙手一投足がどうしても出てこなかった。正確には、内なる自分が浴びせてくる「もういい大人なんだから」「人に迷惑をかけるなんて」「暴れてなんになる」といった言葉にがんじがらめになって、無言のうちに唯々諾々と受け入れることしかできなかったのだろうと思う。

ところが、そんな出来事があったことさえすっかり忘れていた二〇二四年二月某日、自民党派閥の裏金問題が次々と表沙汰になる中、岸田首相が国民に向けて呼びかけた「法令にのっとり適切に申告、納税を」という発言が話題になり、SNSで「バカにするな」「アホらしくてやってらんない」「これで怒らない方が異常」などといった声が続々とあがっている光景に立ち会って、こんなことが前にもあったなと、あの武蔵小山のタワマンポエムを目にした時の感情がふとよみがえってきたのだ。

いま改めて思うのは、「暴れてはいけない」という道徳的な感覚というのは、少数の為政者やそのおこぼれに与るとりまき連中にとっては非常に都合がよく利用しやすい心理特性であり、逆に圧倒的多数の被支配者や庶民の側にとっては、みずからが生きる「世間」を狭くしてしまう致命的な足かせになりかねない、ということだ。

しかし、服従が少なくとも反抗と同じだけ危険やリスクをともなうという状況であっても、こうした道徳感覚が破られることなく維持されるのは一体どうしてなのか。おそらくそれには、世間を狭くするような暴力性というものが、いわゆる殴る蹴るのような典型的な暴力とは異なり、それを暴力として見ることさえ難しくしてしまうような〝ややこしさ〟を備えているからではないだろうか。

例えば飯野勝己は『暴力をめぐる哲学』のなかで、「暴力的な鈍感さ」とでも言うべきものをとりあげ、それを哲学者ヴィットリオ・ブファッキの「不作為による暴力(violence by omission)」という概念と結びつけている。この「不作為(omission)」という訳語は、怠慢や手抜かり、見落としなどとも置き換えられるが、それらの中には単に気づかないがゆえのものと、気づいていながら意図的に見殺しにする的なものがあって、飯野は後者はもちろん、前者に関しても「他者に悲惨事が起こると気付いてしかるべきなのに、鈍感にもそれに気づかないような場合」として倫理的な責任を検討する余地があるものとして言及している。これは今回の岸田首相の発言と件のタワマンポエムに共通する暴力性がどのようなものであるかを端的に言い表してもいる。

続けて飯野は私たちが経験しうる暴力におのずと備わるであろう概念層について、「実質的な危害」「危害を加える意図」「(自然現象とは異なり)人為的なものであること」「直接的に負うべき法的、社会的、道義的な責任」「具体的な身体の動作」という五つを暫定的に挙げた上で、この五つの概念層からあれこれ抜いてみても、暴力性が感じられる行為や出来事があるかどうかを検証している。

例えば、歩きスマホをしていて人にぶつかるといった出来事であれば、「危害への意図」は抜け落ちているが「責任」は残るという意味で「過失による暴力」にあたり、常識的な注意さえしていれば避けられたものであることが明確なために、暴力的であると言える。一方で、「不作為による暴力」としてのタワマンポエムや岸田発言の場合は、少なくとも「身体の動作」を完全に欠いており、さらに「危害への意図」が希薄であるだけでなく、国家や法により正当化されている〝風〟であるがゆえに「責任概念」もかなり洗い流され、曖昧になってしまっているのではないか。

「不作為による暴力」の視野を広げれば、ヘイトスピーチやネット上の誹謗中傷などもここに含まれてくるが、それらは往々にして「単に意見を表明しただけ」とか「個人的なつぶやきに過ぎない」といった正当化や弁明がついてまわるが、こうした責任を回避するための振る舞いや言い回しは、考えてみれば政治家の官僚たちの十八番中の十八番だろう。

そう、マンションディベロッパーや政治家もまた、同じようにそれぞれがそれぞれの場で業務や生活を営んでいるだけであって、ここでは無数の参与者に担われた「不作為による暴力」が、その間接的なつながりや、なんとなく共有されている空気感を通して分散され、透明化してしまっているがために、暴力的なまでにそれが暴力性を帯びていることへの認識を免れているのだ。

もちろん、武蔵小山のタワマン建設に関わった業者たちは、自民党政治家たちのように何十億もの使途不明金がある訳でも、不正が発覚している訳でもない。それでも、件のポエムと岸田首相の発言の両者に共通して感じられるのは、ある種の〝欺瞞の匂い〟である。そして、こう書いてみると、そうした匂いときわめて似たものが六〇年代の学生闘争における大学当局や、それに先立って起きた安保闘争における日本政府からも立ちのぼっていたことに思い当たってくる。

連載の第一回でも紹介した宮本常一が『忘れられた日本人』を刊行した一九六〇年は、日本が国会でアメリカとのさらなる協力を求めての安保改訂を強行採決した年でもあった。アメリカとソ連という世界の二大大国のどちらにつくのか、という国家の行く末を決定する重要な契機において、「アメリカには日本を防衛する義務がある」旨を条約に書き加えることを、政府が強権を発動して一方的に決定したことは国内でとんでもない波紋を呼んだし、六〇年代末には、その安保条約の自動延長を一九七〇年に控えて学生運動はますます過激化していった。

六〇年代と言えば、星の動き的には約二五〇年周期で「不可逆的な変容」を司る冥王星と約八四年周期で「反逆と逸脱」を司る天王星とが数年をかけて重なった歴史的にも稀なタイミングでした（この時に両惑星は乙女座で重なったが、乙女座のモチーフはギリシャ神話の神々の中で最後まで地上に留まって人類に正義を訴え続けたものの、人間の堕落に失望し、どこかへ去ってしまった正義の女神アストレイヤだと言われている）。そして二〇二四年現在とは、天王星の支配星座であるみずがめ座に冥王星が入ったという点で、ある意味似た空気感が流れやすいのだとも解釈することができる。これはつまり、二人の大きな勢力を誇る国のトップ（惑星）が同じ場所で直接会合している訳ではないが、片方の支配している国にもう片方が公式訪問している状態をイメージしてもらうといいかも知れない。

ただ、あの時代の闘争を主に担っていたのは、確かに直接戦争を体験していない初期世代としての若者や学生たちだったというイメージが強いが、決してそれだけではなかった。例えば、野坂昭如はちょうど東大安田講堂事件を前後にはさんだ一九六八年四月から一九六九年四月にかけて連載された『騒動師たち』という小説のなかで、今おこっている事件として学生運動を描きつつ、もとは大阪の日雇い労働者の町である釜ヶ崎で暮らしていた中年男たち（騒動師）が大いに暗躍していく様を、実にいきいきと描き出している。

主人公である五〇歳のケバラ、四一歳のバロク、三七歳のイカクンは、いずれもその日暮らしのアウトサイダーで、何かと騒ぎを起こすのが大好きという困り者なのだが、と同時に〝豊かさ〟という仮初の懐柔策に釣られて、たまに飲む安酒をちょっとアップデートするくらいで満足してしまっているサラリーマン生活の欺瞞を、他の誰よりも鋭く感じ取っていた人間たちでもあった（星的にはこうしたアウトサイダー的な人間や反戦・反政府な若者は、いずれも天王星の象徴する典型的な人物像でもある）。

彼らは「なにが空前の繁栄や、一枚下は地獄の世の中、いまにみとれ、やったるで、なあ」などと言い合い、当時読まれていた『ゲバラ日記』の記述を参考に、路上から乙にすました世の中をひっくり返すゲリラ戦を展開していくための算段を立てていく。なに、街や路上には普段から負のエネルギーが渦巻いているから、少し煽り立ててやればたちまち騒動が起きる。きっかけは「おっさん、やるで」の一言でいい。「やるらしい」「やるで」で火が付き、そこに「騒動師」が仕込んだ〝偶然〟が合わされば、火の勢いは街中へ一気に広がっていく。

「そやから暴動が起こる、巨人が敗けると、東京の山谷に騒動が起こりやすいのは、労働者が巨人にのってるからや、自分の人格を巨人にあずけとる、人にさげすまれ、毛ぎらいされた埋め合わせを、スコーンとうつ王のホームランや柴田の盗塁に求めているわけや、競輪も同じことで、自分の買うた券がはいったら、神の恩寵が自分一人にあるみたいな気もするやろし、弱い自分をスーパーマンに錯覚できて心はなやぐ。」（野坂昭如『騒動師たち』、岩波現代文庫、四七頁）

ただし彼ら騒動師は、現代のスシローぺろぺろ動画事件の少年やその類似犯たちのように、アクセス数稼ぎのためただむやみやたらに炎上騒ぎを起こしている訳ではなかった。

「東大よりももっと大事なことあるのちゃいますか、七十年安保にしろ、万博万博と浮かれているけれど、いっこうに生活労働環境のあらたまらん釜ヶ崎の状態、あの悲惨な連中をすくうことこそわれらの義務やおまへんか」（同、二三二頁）

「はた目には自由にみえるかも知れませんけど、搾取の網が十重二十重に仕組まれてますよ、ドヤかて日本一の泊まり賃やし、食い物かて安いように見えて、サービスも質もわるい、極道におどかされ、サツににらまれ、釜ヶ崎ときいただけで、ふつうの人は眉をしかめよる、他処の国の差別問題より、よほどひどいもんですわ、わたしら、今こそ力を合わせて、釜ヶ崎の解放に努力せんならん時ちゃいますか」（同、二三三頁）

中年騒動師たちは、あくまで社会の中ですっかり亡霊化してしまっている釜の「アンコ（日雇労働者に対する蔑称）」に肩を貸し、彼らをみじめな境遇から浮上させるために、多少の無茶を重ね、法や規範を突き抜けてでも暴れてみせたのだった。

むろん、これは野坂が頭の中で作り出したホラ話であり、野坂自身は作中でカッコよく権力と戦う騒動師に対して、みずからを全共闘の学生たちに共感はしてもしょせん傍観者でしかあれなかった「卑怯者」に過ぎないとも書いている。しかし、こうした野坂の自己認識は、今回の岸田首相の発言に憤りを感じる人たちならば、少なからずそこに自分と重なるものを感じるのではないか（二〇一六年の筆者自身もそうだったように）。

行政や政府がこちらが気づかぬうちに世間を狭くする側に回りつつも、あくまでその参与者を構造や空気のなかで分散させ透明化することで「不作為による暴力」を振るうならば、現代に生きる私たちも彼ら騒動師にならって、まずは「むやみに暴れてはいけない」という足かせから解いていかねばならない。と同時に、騒動師たちが駆使したような、監視や規制の網の目をかいくぐり、自身もまた透明化していくためのゲリラ戦術にも長けていかなければならないが、こうしたある種の〝ずる賢さ〟や、その具体的な発揮の仕方をめぐっては、戦後から今に至るまで周到に骨抜きにされてきた日本人がもっとも不得手とするところでもあるので、それをどう取り戻していけるかは今後の大きな課題ともなっていくだろう。

という訳で、次のページにて、野坂の『騒動師たち』を参考に、十二星座ごとにその騒動師ぶりや火の起こし方について占ってみる。

世間をひろずる十二星座

世間をひろげる十二星座

（第二回 騒動準備する日雇労働者編）

牡羊座

「おーい、喧嘩やる奴おらへんかなあ、二十人ほど」（単刀直入）

牡牛座

何があっても二週間は持ちこたえられるだけの兵站を算出し、備蓄品のリストを書き出し、準備した上で、非常時用に持ち運ぶバックパックを用意しておく。（富国強兵）

双子座

便所の落書きならぬ、SNSで複数の垢をつかって予告書き込み。「今夜あたりハプニングあるでえ」とふれておけば、暇な奴はきっと集まってくるから、そこで音頭を取る。（即興芸術）

蟹座

「別に革命なんかいう大それたことではないねん。もういちど、みな腹減らしてガツガツしてる面みたいだけや、親子も夫婦もあらへん、釜の底へばりついたスイトンのかけら、家族がにらめっこする光景リバイバルさせたいねん」（センチメンタル）

獅子座

「ぼく思うんですけど、革命の指導者は、むしろTVにどんどん出てですな、顔売った方がええと思いますわ」（タレント性）

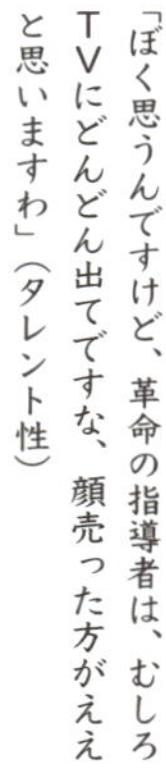

乙女座

つねにノートを携帯し、そこに何かしらきな臭いと感じた出来事や場所や時間帯、その周囲に何があるか、何と関係していそうかなどを記録していく。（データ主義）

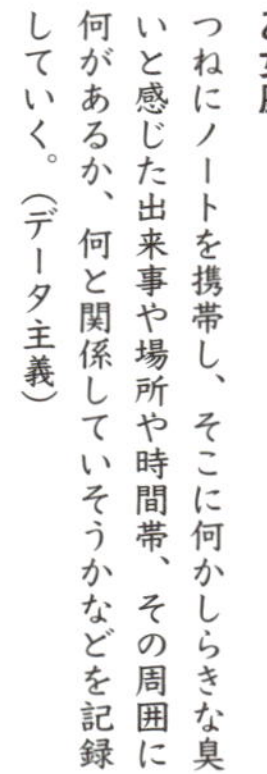

illustrator : hcy

ラッキーモチーフ

天秤座

狭い店内で「おんどれどかんかい」「なにぬかしてけっかんねん」と小競り合いを始めさせ、業が煮えたところで「みんな、表へ出え」と叫んでから、悠々とラーメンをすする。（策略と平和主義）

蠍座

大切な人や動物の骨を雑のうの中に隠し持っておく。演説中の選挙カーの上、ないし国会開催中の国会議事堂の上空に多数のカラスを呼ぶ。（オカルト）

射手座

「アメリカが日本に大麻の味教えるんやったら、こっちも、アメリカに睡眠薬あそびやらシンナーごっこコーチしたらええねんわ」「ハーイ、ウォンチュースリーピングピル？」（戦線拡大）

山羊座

事あるたびに「つぎの市議会選には、ぜひ出馬する。政治とはハプニングで行われるべきだろう」などとのたまう。（あわよくば／If things go well）

水瓶座

リアルであれ、ＳＮＳ経由であれ、ホームレスや家出少女、暇な学生、不良中年など、できるだけ自分とは年代も普段の居場所も異なる相手と仲良くなって、ネットワークをつくり、定期的に情報交換する。（複数レイヤー）

魚座

工事業者を装って街中の水道管を破裂させ、交通の要所を水浸しにしてしまう。続いて、信号機を壊す。いや、壊すよりもでたらめに赤や青が点滅するようにした方がおもしろい。（カオス志向）

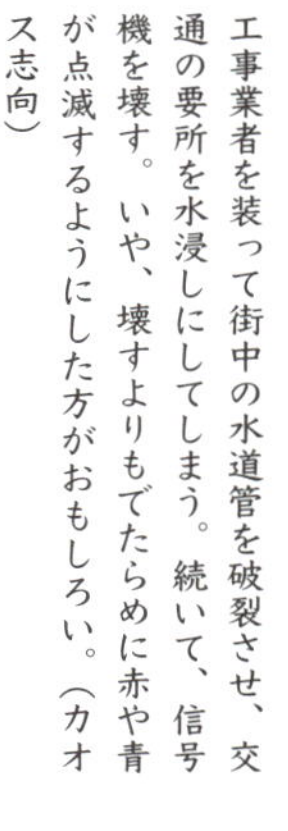

#6 朝から晩まで下町の定食屋で働く実直店長

背景があくまで重視

辻本　みてもいいですか？
MR　もちろん。
辻本　あ、変わってる！　前は松本大洋じゃなかった？
MR　あ、そうそうそうそう。けっこう定期的に変えるから。
辻本　変えるんだ。
MR　そう。
辻本　Mくんは背景をけっこう定期的に変えるんだね。
MR　そう。
辻本　前からけっこうあれだよね。一ページ目は少ないよね。
MR　一ページ目は少ないですね。
辻本　いまアプリ三個しかないもんね。これはなんですか？
　背景は。
MR　これは背景は、いつもぼくは……えっと、いつからか忘れたけど、ピンタレストを知ってからホーム画面をピンタレストで定期的に選ぶようになって。
辻本　ピンタレストってきいたことあるけど、あれはどういうサービスなの？
MR　あれはなんなんでしょうね。うたい文句としては、「日々にアイデアを」みたいなやつで、それこそインテリアの参考にしたりとか、料理のレシピが載ってるときもあるし、クリエイターがデザインの参考にしたりとか。
辻本　あれは、フォローとかはあるの？　たとえばMくんが誰かをフォローして、そういう人は投稿ができるの？
MR　投稿者は自分がデザインしたものを投稿するとか。
辻本　それが基本なんだ。
MR　アイデアを提供する人の投稿を見て、自分の部屋にかけてあるコルクボードみたいなイメージで、好きなイメージをピン留めしていく。
辻本　あとからそのピン留めを見て、ああおれこういうのが好きなんだ、みたいな。
MR　そうそうそうそう。それで、ある絵に関連した絵みたいのが出てくるから、永遠に見れるんですよ。
辻本　これがいいなと思ったらそれに似た柄だったり、ジャンルだったりするものが横に並ぶんだ。
MR　松本大洋の画像を出したら、その関連の画像が全部出てくる。いろんな作品の松本大洋。
辻本　で、そのピンタレストでホーム画面の背景を選んでるわけね？
MR　そう。だいたい季節によって変えてます。
辻本　そうなんだ。じゃあ三ヶ月に一回くらい。
MR　そうそう。気温が変わったり、寒くなったりとかすると、ちょっと温度が下がったような背景になったりとか。

ガラケーの意識

辻本　おもしろいね。基本はさ iPhone ってアプリを、一ページ目に並べてくれってことではあるじゃん？　アップルの基本的なこととしては。

MR　はいはい。

辻本　そこにたいしてさ、ここでアプリは三つにして、背景が見えたい、とする。そうしたのはいつなの？

MR　そうですね。けっこう早いとおもう。ガラケーとかのときに。まだ「待受画面」と呼ばれてるころから、わりとその……携帯のカバーと同じくらい最初に出てきた画面がなにかっていうのでお互いの好き嫌いを判断するみたいなところがあったんですよ、ぼくのまわりでは。だからこう……一番最初に画面をひらいたときにそれが出て、その画面で自分をちょっと主張できるみたいな、そういうツールとして使っていたから。だからアプリ邪魔なんですよ。アプリは最初じゃなくていい。

辻本　ガラケー的な意識なのか。おれもガラケーのときは漫画の表紙とかにしてたなあ。そういえばガラケーのときってアプリってなかったねえ。

MR　そうですね。

辻本　ガラケーのときは待ち受け画面からメニューボタンを押して、そこからそれぞれの機能をひらいてた。Mくんはいまもそのときの感じがあるっていうことか。

MR　そうそうそう。スマホだけどガラケー状態に保っているというか。

辻本　ここってアプリなしにはできないの？

MR　なしにはできない。でも、ちゃんとそういう「画面を大事にしたい人」用のアプリというか機能みたいのはあって、ようは、何も入ってない透明なボックスだけを当て込むというか。でもそれけっこう手間で、スクショを撮って、それをボックスの位置で切り取ってって感じなので。欲を言えば全

図1　1ページ目

部なしにはしたいんだけど。

辻本　最初にひらいたときには、まっさらな背景であってほしいんだ。それは、けっこうガラケーのときが良かったなってことなの？

MR　そうなのかなあ。ガラケーが良かったというより、なんかそこで主張ができるっていう。

辻本　「わたしってこうですよ」っていうのが、ここでね。たしかにスマホだとガラケーよりさらにみんな本体も一緒なわけで。

MR　そう。

気にする範囲　気にしない範囲

辻本　一ページ目はやむをえず、連絡用のアプリと、カレンダーをいれてるんだ。一番基本的に見るもんね。

MR　うーん。でもその二つもあんまり使ってないから、もうほんとはLINEだけにしてもいいくらい。

辻本　二ページ目はぎっしり置いてあるじゃん？　ここは置き方みたいのはありますか？

MR　ここはない。ここはもう気にする範疇を超えてるからどうでもいい。置き方もどうでもいい。溢れて三ページ目まいっちゃったら、フォルダにてきとうに詰め込む。

辻本　入れ替えたりもしないの？

図2　2ページ目

MR　しないなあ。頻度が減ったりしたら、もうフォルダにいれちゃうけど。

辻本　消さずに？

MR　そうそうそう。

辻本　消さないんだ？

MR　いや、もう二度と使わないってやつは消すけど。

辻本　でもあんまりない。

MR　そうですね。頻度的にはピンタレストとYouTubeとソーシャルゲームの三つをよく使うかなあ。ここらへん（二画面目の画面下部を指差す）は全部いらない気がする。

辻本　タクシーと、出前館と、スーモと。スーモっていま使うの？

MR　スーモはね。いま物件探し欲が出てきてるから使ってる。まだ一年しか住んでないんですけどね。だからいまいらないのは、タクシーと出前館と、Peatixも最近のイベントに参加するためだけにいれたからいらないかなあ。

辻本　たとえば「出前館あんまつかってないな」みたいになるわけじゃん？

MR　ちょっとびっくりしてる。ここに出前館があったことには。

辻本　そういうのって、あの、消さないんだね？　たとえばPeatixとかは、おれなんかはいれたくないのにいれたなって思っちゃうんだよね。そのときはもちろん便利だよ？　だからいれたいんだけど、その意識はずっと残ってるんだ。異物が混じってしまったみたいな。「いまだけのやつなのに！」みたいな。だからチケット提示したら消しちゃうんだよね。

MR　自分のホーム画面がひとごとみたいに感じる。「気にしないんだ自分！」って……。タクシーなんて数回使ったけど引っ越してからは使ってないもんなあ。だから一年以上使ってない。

辻本　プリント系が三つあるね？

MR　コンビニですぐプリントできるように。

辻本　これを三つにまとめたりはしないのね？

MR　そうですね。（「てけてーん」フォルダをひらいてフリック。フォルダ内のページを見せる）

辻本　おおお!!　フォルダ内に三ページもあるの？

MR　そうそうそう。いまプリント系のアプリが表に三つあるけどそれ全部使ってなくて……使ってるのこれ（フォルダをひらいて三回フリックした場所）なんですよ。でこのページのRadikoもけっこう使ってるし、二ページ目のNetflix、Messengerとかも使ってるし、乗換案内もけっこう使ってるから、一番使ってるアプリがフォルダの奥にある。ホーム画面の一ページ目から二ページ目に行った途端にどうでもよくなってる。全く気にしてない。

辻本　たとえば「プリントしよ」ってなったときってどういう感覚？　いまだと、iPhoneひらく、フォルダひらく、二回フリックする。

MR　とおい〜。

図３　フォルダ内３ページ目

辻本　それは普段感じてないんだよね？　おれはめんどくさがりだから「めんどくさいなあ」ってすぐなっちゃうんだよ……。部屋で毎日つかう目覚まし時計が、本棚の奥にあるみたいな感じじゃない？
MR　Radikoも Netflixもけっこう毎日使ってるから、いまこんなフォルダの奥にあってびっくりしてる。
辻本　おれは過剰にめんどくさがりなんだろうなあ。Mくんにとっては、それが自然になってるってことだもんね？
MR　そうですね。そういうものとして。

部屋とアプリ

辻本　Mくんは今は違うかもしれないけど、一人暮らしのときって部屋はどうだった？
MR　部屋はね。一人暮らしだったときは、ほんとに狭くて、六畳ワンルームみたいな感じだったんだけど。
辻本　普段からあんまり散らかさないほう？
MR　あんまり散らかさない。ちゃんと整えるけど、忙しくなって疲れと忙しさの指標みたいのが部屋の汚さみたいな。
辻本　それはある程度みんなそうだよね。
MR　そのときは崩れるけど、基本的にはちゃんと整ってるし、布団もちゃんと畳むし。
辻本　そうなんだ。それはアプリとは違う感じがするね？
MR　たしかに。なにがあったんだろうって感じだなあホーム画面、自分でも衝撃ですよ、改めてゆっくり見ると。
辻本　四天王（下の四つのアプリ）はどうですか？
MR　電話はいっさい使ってない。
辻本　一番左が電話で、Gmail、Safari、ミュージック。
MR　でもそういえば店に仕事行って、魚の注文とかはこの電話アプリでやってるから。まあ必須ではある。そんなに頻度は高くないけど。でメールは言わずもがな必須だし。Safariは年中使ってないけど、お店の打刻でこのページを開かなきゃいけなくて毎日押してるのと、ミュージックはお店でアップルミュージックをかけるのに使ってる。
辻本　けっこう仕事だ。
MR　そうですね。四天王は仕事ですね。たぶんスマホで最低限必要なものが仕事メインなんだ。

整理すべきという話にはしたくない

MR　なんか汚く見えてきた笑
辻本　あっ、でもこれは整理するほうがいいっていうインタビューにはしたくなくて。おれが気にしちゃうほうだからそう誘導しちゃってるかもしれないんだけど。本当にそういう気持ちはなくて。みんなのスマホやホーム画面とのつきあいかたを素朴に知りたいんだ。自分の気にしすぎ度を知る意味も込めて。

MR　うんうん。マップとかもけっこう使うのにフォルダの一番奥にある。なんか、なんかなあ。

辻本　フォルダのなかをさらに横にいくっていうのやったことなかったなあ。

MR　それぼくは毎日やってるってことですもんね。「おお、なんかたくさん入る」と思って。

辻本　逆にMくんはさ、一ページ目の左上をフォルダにしちゃって、そこに全アプリをいれるっていうのはどう？

MR　いや、でもそれは、それだと、ここの左上の見た目がごちゃっとするでしょう？　ここのデザインが整わなくなっちゃう。無駄なビジュアルが増える。

辻本　そうなのかあ。あと、この使ってないやつがバッジ出してくるの嫌じゃない？

MR　これとかもうなんのバッジかもわからない。そういう整理って最初はしてたつもりだったんだけど……。仕事に追われてるのかなあ。

辻本　そういう影響はあるかもしれないね。

MR　そういえば、背景があくまで重視だから、背景が一番よく見えるように画面の明るさはいつも最大なんですよ。そういえばそろそろ背景切り替えようとも思ってました。

辻本　たとえばいまはどういう切り替え時期なの？　ピンタレストで選ぶとしたら。冬から春？

MR　うーんと何系になるんだろうなあ。冬系か。

辻本　いまの背景が冬なんじゃないの？

MR　いま冬なんじゃないなあ。もうちょい冬。うーん、もうちょい冬かも。ちがうなあ。いまの時期だからこれ、っていうより、この画像の感じでいたいから選ぶって感じかなあ。

辻本　普段から狙ってる画像ってのがあるんだね。たまにピンタレスト見て「これ次いいかもなー」みたいな。DJ的なことか。

MR　それもあるし、頻繁に現れるのもある。ヘビーに使ってるやつとか。松本大洋さんの絵は定期的に来る。

辻本　あ、Mくんはロック画面とホーム画面は一緒なんだ。

MR　いっしょですいっしょです。一回変えられるじゃんと思って、やってみたんですけど、ロック画面の絵がすぐ役割を終えてしまうのが嫌で、同じにしました。

辻本　部屋っぽいんだけど、部屋の整え方と違ってるっていうのがおもしろいよね。

MR　うんうん。たしかに。そういえばいま思ったけど、一番親指がいきやすい理に適ってる位置にあるのはソシャゲですね。

辻本　たしかに立地いいねグラブル。

MR　優遇されてる。いまピンタレストとグラブルが無意識に一番良い位置にきている感じかなあ。

#7 気分転換に鉄道時刻表を読むテレビマン

三ヶ月前に一気にフォルダを作成

辻本　置き方にルールとかありますか？

NO　えっとね。一番使うアプリをぜんぶ一ページ目にいれてるね。

辻本　一ページ目（図1）が一番使うやつなのね。え、これ、多すぎない？　一番が多いな笑　こ、これはみんなが三ページ分ぐらいでいれるやつを全部一ページにまとめてる感じだね。

NO　そうそうそう。もうページをまたいでどこだっけどこだっけっていうのがめんどくさい。基本この一ページで完結させたいの。

辻本　うん、わかる。わかるんだけど……それにしても一ページ目のアプリの集中度がすごいね。

NO　ただそのなかでもLINEは下に固定ね。その左が会社のメール。Safariと電話。この四つは変えないね。で、その上の列が一軍というか、下が四天王だとしたら二軍。ミュージックとインスタとツイッターとこれが奥さんとスケジュールを共有するアプリ。で、その上が三軍。三軍はもう設定とか、絶対動かないやつ。

辻本　これは美しいね。下から順に一段ずつ重要度で並べてるんだ。

NO　そうそうそう。下の三段より上が、よく使うけど、そんな毎日頻繁に……いやでも頻繁に使うな、使うやつなんだけど、カテゴライズ分けしてるの。

辻本　すごいよね。これはさ、最初からもちろんあったカテゴリー分けじゃないいんだよね？

NO　じゃない。もうこの二、三ヶ月くらい。

辻本　え？　おお！　そうなんだ。最近まとめたんだ。

NO　やんわりとはあったけど、ごちゃついてきて、明確に分類したのはこの二、三ヶ月。

辻本　それはもうほんとにカオスになってたから？

NO　そうそう。カオスになってたからだね。どこだどこだみたいのがいやだから。

辻本　じゃあけっこう決心したタイミングがあったってことね？

NO　そうそうそう。決心した。で、あの、この「メール・SNS」フォルダがメッセージまわり、iCloudのメールとかGmailとかあったり。

辻本　会社のメールの方がよく見るから、会社のメールアプリは四天王に置いて。

NO　そう。その他のは二回タップしてもいいかってことでここに置いてる。あとは〜そうね。「カード銀行」はお金まわり。確定拠出年金とか東急カード、横浜銀行、docomo から早く格安携帯にしたいなと思ってるんだけど全然できない。でこっち「動画」フォルダ。

勧められるとアプリ入れちゃう

辻本　あ、これ先に聞きたいんだけどさ、これ一ページ目にけっこう押すアプリ集めたって言ってたじゃん？　下三段はわかるんだけど、このフォルダの中のアプリもけっこう押すの？

NO　押す。

辻本　そうなのか。すごいねそれは。だから、本当に押さないアプリは他のページに置かれてて。このフォルダのなかって見えてるだけで九個あるじゃん？　それも全部たまに押してるんだ。

NO　押すね。まあウーバーイーツとかはもうあんま押さないけど、ほぼ押すね。で、ルールとしてこれ実はね。えっと……フォルダの中って横スクロールできるじゃん。それはやらないことに決めてる。

辻本　アプリたくさんいれるけど、フォルダの一ページ目まででって決めてるのね。

NO　そうそう。基本もう九個をマックスにしてる。

辻本　うんうん。これはもともと主力アプリの量が多い方な気がするなあ。すごいなあ。

NO　あ、かもしんないね。そうかもしんない。

辻本　それはさ、なんていうんだろう。そういうの好きなの？　アプリ。

NO　なんかね。どんどん増えちゃう。おれポイントカードとかどんどん作っちゃうタイプだから、あの、ひょんなことから勧められると「つくります！」って。ショッピングセンターとか行ってさ、アプリ入れると何パーセント引きですよみたいのにすぐ釣られるタイプ。

辻本　ほあ～。そうなんだ。

NO　SHIPS とか United Arrows とか。

辻本　アパレルいっぱいあるもんね。

NO　そうそうそうそう。

辻本　それは、優しさなの？

NO　なんかいつか得になるんじゃないかなと思って。

辻本　笑　でも得になってるんじゃない？

NO　うん。ときどきなるけど、でもそんなさ頻繁に行くわけじゃないじゃん。だから結果あんまなんだよね。

辻本　そうなんだ。じゃあなんか、ふとしたきっかけで入れよっかなってなったときに、入れる率が高いのかもしれないね。

NO　そうかもしれないね。そう……逆に入れない？

辻本　あんまポイントに興味がないからなあ。お店のアプリは入れたことないかも。

NO　あ、そう。こんなのすぐ入れちゃうよ。

辻本　その左のフォルダはもうアパレルとは別のフォルダ?

NO　そうそう。「食事移動」はザックリしてるけど食事とか移動についてのフォルダ。こっちは「生活全般」。この青いマークのやつは子供のアルバム。

毎月使っている写真アプリ

辻本　ALBUS（アルバス）?

NO　これすごいよ。一ヶ月に八枚選べんの、その八枚はただで送ってくれる。

辻本　え?

NO　送料だけ。

辻本　え、送ってくれるって紙で?

NO　そう。

図1　1ページ目

辻本　すごっ!

NO　そうそうそう。マネタイズのポイントは、この四角なのよ、写真のできあがりが。それがぴったりはまるアルバムは、ここにしか売ってない。ようは正方形の形してるから市販では普通売ってないのよ、ぴったりのは。その写真を提供する代わりにアルバム買ってねって。

辻本　あー、そういうことか。写真がインスタみたいな形になってて、もしよかったらそれがぴったりのアルバムは買ってね、と。

NO　そうそうそう。
辻本　すごいね。八枚送ってくれたら十分じゃない？ 八枚って多いくらい一ヶ月だったら。
NO　で、九枚目以降はお金かかってくるんだけど。
辻本　正方形ってどれくらいの大きさ？
NO　これくらい（コースターくらいの大きさを指で示す）。
辻本　十分じゃん。十分じゃん。
NO　毎月やってるわけよおれ、子供生まれてから。
辻本　めっちゃいいねそれ。ALBUS。
NO　毎日、あのー、毎月か。毎月選ぶのがおれのなかでルーティーン化してきてるから、あの、未来永劫アルバムを頼むことになるわけよ。
辻本　おれスマホの写真、紙になると良いなあと思ってたんだよね。これって別に赤ちゃんだけじゃなくて犬でもいいわけでしょ？
NO　そうそうそう。できるできるできる。
辻本　良いですこれ！　メモした。
NO　あのね。これ招待リンクがある。送るわ。
辻本　そうなの。ありがとう。

このフォルダ分けになるまで試行錯誤があった

辻本　これさ、この分類にたどり着くまでにけっこう試行錯誤はあったんですか？
NO　えっとね……フォルダ最初は生活①、生活②、③、④、⑤、⑥、⑦ってやってたの。生活の身の回りで使うアプリをどんどんそこにいれて。はじめは①②くらいだったんだけど、全然おさまらなくて、どんどん優先順位高い順に①から順に九つずつアプリいれてたわけ。
辻本　うんうん。
NO　で、生活⑦までなって、それで「待てよ。もうちょっ

図２　２ページ目 生活④⑤⑥が残されている

と生活からもう一段階、具体的に分類できるんじゃんないか」ってので、「食事移動」とか雑貨とかアパレル、この二つはちょっと似てるところはあるんだけど特化して分けたのが、いまの状態だね。
で、さらに昔は生活のところが、複数のページになってたから、生活まわりは一ページだけっていうルールつくって……これが名残だね、二ページ目の上に残ってるやつ。
辻本 そうなんだ。おもろ！ で、どう？ こうやって二、三ヶ月前にまとめてみて。
NO 使いやすくなった。全然使いやすい。
辻本 美しい分類だよねえ。
NO もうなんか試行錯誤の結果これになってる。ようやく配置がどこにあるかってのも空でわかるようになってきた。

やるとなるとこだわる

辻本 最初たしかにどこだっけってなりそう。Nは自分の部屋とかあるの？
NO 仕事部屋はあって、そこは自分で使ってるね。
辻本 実家とかの話とかで良いんだけどさ、整理するのとかって好きなほう？
NO いや、自分の部屋とかぐっちゃぐちゃ。前一人暮らししてたときとか、ほんとなんでもいいから。得意じゃない。ぜんぜん得意じゃない。でもやりだすと止まんない。やるまで別に気にしなければぜんぜん汚いところで住めるけど、いざやろうってなるとちょっとこだわっちゃうかな。
辻本 そうか、じゃあ今回はそういうタイミングだったのかな？ 溢れちゃったというか。
NO そうだね。あまりにもごちゃごちゃしてて、整理しよっかなと。
辻本 整理しよう、ってなるまでは気にしないってことだよね。その間はごちゃごちゃしてるなって思うの？
NO ごちゃごちゃしてるな、と思うんだけど、他の仕事しなきゃとかそういうことの方に気がむいちゃう。
辻本 おれはちょっとごちゃってなってると「どこにあるのかわからない！ 嫌！」ってなっちゃうんだよね。
NO そうなんだ。あとは、最近引越しを去年の四月にして、子供生まれるからね。それでいろんなことが、それこそカーシェアのカレコとか、あとはなんか買い物のアプリとか、クラシルとか料理のアプリね、けっこうアプリに頼る瞬間が多くなったっていうのもあるかも。使う量も増えたしごちゃごちゃしてるの嫌だったから整理したほうがいいなって。

#8 あくまでカットを中心に、町とつながりながらクリエイターのハブとなる美容院

いつも自然体な二人に話を聞きました

スマホのなかでアプリを失くした?

辻本　Yさんから見せてもらってもいいですか?

Y　うん。ちょっと恥ずかしいね。

E　露出って感じがする。

Y　一年前くらいに下の四つをこれに設定した気がする(図2)。

辻本　ここは入れ替えたんだ。ここはそんな入れ替えないもんね。

E　そこ入れ替えられるの?

Y　え……?笑

E　わたし、ここに四個ぐらいあったのがいつのまにか一個いなくなった。

辻本　笑

Y　笑　ちょっと待って、こういうこと(アプリをうごかす操作)したことないってこと?

図1　Eさん1ページ目

E　それはしたことある! 動かしたりはしたことある。なるほど! この下もアプリ動かせるんだ。ここは別だと思ってた。

辻本　いじってないのに一個アプリがどこかに消えちゃったんですね笑

E　そう、失くなって、「え……どうしたんだろう?」と思っていた笑

アプリを遠ざける

辻本　Yさんは下のアプリをいれかえたのはどんなタイミン

グだったとかあるんですか?

Y　えっとね。LINE Payを使い始めて、コンビニとかで見せるやつ。そのときかな。よく使うから下に置こうと思ってそのタイミングで。

あとこれ(下部一番右のアイコン)がギャラリーの営業カレンダーでEちゃんとシェアしてるやつ。で、これがミュージックフォルダ。一年前にミュージック系でフォルダに集めた。あとこれがブックフォルダで料理のレシピとか本。それでわたしのこだわりは……めっちゃインスタ見ちゃうの、すごい見ちゃうのね。そんな自分が嫌いすぎて……見て!(ホーム画面を何度もスワイプする操作)

辻本　すごい遠いじゃんインスタ!!

E　うそー!!

Y　そうなの。それでも見ちゃう。そこがこだわりですね。

E　すごい深いね。五ページ目!?

Y　そうそう。すごい行かないと、シャシャシャシャシャシャってしないと辿り着けないんだけど。それでも見ちゃう。

辻本　それにもう慣れちゃったんだろうね。

E　シャシャシャシャシャ。

Y　SNS中毒になるのがこわすぎてインスタはここに置いてるんだけど。それとはべつにSNSフォルダもここにありまして。(二ページ目に置いてあるSNSアプリがまとまったフォルダを見せる)しかもこれフォルダ名普通「SNS」って書くじゃん。でもSNSって言葉が嫌いすぎて絵文字の「🍥🍥🍥(なると)」にしてるの。使ってないSNSもあるけど……。

辻本　そのこだわりいいね。でもけっこうまとめてるよね? ミュージックもまとめてるし、本もまとめてるし、SNSも、写真も。けっこう機能でまとめてるんだ。

Y　そうかも。

辻本　たまに消したりするんですか?

Y　たまにする。一年に一回くらいかな。ブックマークの、ホーム画面に追加のやつはたまに消すけど。

E　わたしはこわくて。「これは必要かもしれない」と思って

図2　Yさん1ページ目

消せなくなるときがある。

そこにはなにかがあった

辻本　Eさんはどんな感じですか？

E　わたしは全然こだわりはなくていちおうまとめてます。

Y　意外とEさん綺麗じゃない？　まとまってる。

E　でも、わたしの癖として、Safariでひらいたやつを忘れちゃいそうだからと思ってホーム画面に追加するんだけど、全然わかんない人のブログとか。気になったやつを次々置いちゃうからごちゃごちゃしてる。

辻本　でも一ページ目きれい！　そういえば、消えちゃった下の四つ目にはなにが置かれてたんですか？

E　そこは……なにがあったかがわかんないんだよ。なにかがあったんだけど、急に「三つになってる！」と思って。いまここの部分も動かせることが分かった。下のところは触っちゃいけないと思ってて。定型というか、固定だと思ってた。

おすすめしないけど使ってる

Y　Eちゃんは「電話」使ってるの？

辻本　ぼくは使わなくなったなあ。

E　え、みんな電話使わないの？　電話使ってる。

Y　だってLINEだったら無料だから。

E　え、これでかけると電話料かかってるの？

Y　契約によるけど、かかってるんじゃないかなあ。

E　ええ〜。あ、そうそう。わたし意外と使うのが、このAppleの「カレンダー」。ここに全部日程をいれていける。

辻本　それ良いんだ！　使ってない……。

E&Y　え？　使ってないの？？　辻本くん。

辻本　笑　使ってないです……。消しちゃってるかも。

Y　これすごいんだよ。たとえば今日の日付押すとその日のスケジュールが時間ごとに書ける。一年でも見られるし、一ヶ月でも、一日でも簡単に見られる。拡大縮小を行き来できる感じ。……ただ、Eちゃんこれあれだよね、不便だよね、たとえば二月で見たときにその日の予定がなんなのかわからない。これが不便！

E　予定があることは日付のとこに丸で表示されててわかるんだけど……「この丸なんだろう？」って。

Y　丸があるから「用事入ってるやべっ！」ってなるんだけど押してみると、昔の先輩の誕生日とか、○○さんの誕生日とかで「や、それは良いんだけどさ!!」って。

E　あと、祝日とかもこの丸マークで表現されてるから。そこを考えるとおすすめしません笑

辻本　でも使ってるんだよね？

E&Y　使ってる笑

Y　次の休みにやることとかEちゃん入れてない?
E　そうそう。休みの日は分刻みで行動するから、このカレンダーが見やすい。
辻本　分刻み!
E　何時何分にここ行って、三〇分後にここ行って、って。
辻本　笑　すごい!　行きたいところたくさんあるんですね。
E　そういえば「ファイナンス」フォルダとかね。邪魔なアプリあったから「ここに入れとこー」みたいな。
辻本　たしかにここ「ファイナンス」ってなってるけど設定とか株価とか。
E　そうなの、ただいれてるだけ。音楽は、音楽だけど。写真のフォルダにLINEが入ったりとか。それはそれで覚えちゃってるから。しかも翻訳も写真フォルダに。
辻本　自分で分かってたらオッケーですもんね。ぼくはそれをまとめないと「うううう」ってなっちゃう。無秩序な状態に耐える力がない。
Y　たしかにそうかもなあ。Eちゃん一番開くのなに?
E　うーん。でもこのフォルダかな。写真とLINE入ってる。

目が痛くなるほど見てしまう

Y　わたしほんとインスタ見すぎて嫌だなあと思うことある。暇なときとかに、すごい見ちゃって。「見まくって目が痛い!」みたいな。昨日なんだけど。昨日すごい見まくってて文字と写真を。「疲れたあ……」と思ったんだけど「まだなんかしたい!」ってなってPodcast聞きまくって。目使ったあと耳使った笑
E　最近あれだ。最近必死になってバッグ探してたじゃん。カバンがほしくて。「もう止められない!」みたいな感じで。わたし昨日の夜たぶん四時間ぐらい見てたの、画面。
辻本　え!　それは超夢中!
Y　たぶん脳みそが覚醒しちゃって眠れなくって。「寝る!」とかって思っても、「見たい!なにかを見たい!」っていう何かが来るの。ほんとに依存しないようにと思うんだけど。
辻本　おれインスタをさ、最近始めたからわからないんだけど、そんなにアプリ内に見るものってあるの?
Y　あ、わたしはみんなの投稿よりも、検索のところで何も調べずにずっと下に向かって見ていく、知らない人のやつを見ちゃう。あと最近はショッピングも見ちゃう。ショッピング楽しい。
辻本　それはなに?
E　そこなんかね。すごい自分好みのやつが出てくる。
辻本　え!　すごいじゃん。
Y　そうなの。だからそこで買い物しちゃうこともあったりとか。
辻本　でもそうやって、美容院で展示してもらう新しい作家

を発見したりしてるんですもんね。

Y　そうだね。役に立ってるはずって言い聞かせてはいるんだけど……さすがにやばいと思ってこないだ『スマホ脳』っていうのを買って読んだ。

辻本　おお！

取材から三週間後、二人のホーム画面の状態を簡単に教えてくれました。

Y　あの取材の後にどうしても整理したくなって、五ページ分あったアプリを全て二ページに集約しました！　個人的にとてもスッキリして気持ちがいいです。こだわりのポイントは、一ページ目の二段目！　「読む」「聞く」「書く」「見る」で整理しました。

整理してたら、最初から入ってる「マップ」アプリの存在に気がついて、いつも使ってる「Google Maps」とどっちが使いやすいかなと両方起動させて試しています。いまのところ元々入ってる「マップ」アプリのほうが使いやすいかもってなってます。

E　そのまま使ってます〜。変えようと思いつつも慣れ親しんだホーム画面に名残惜しさがあって。そのままです。

図3　Yさん3週間後1ページ目

#9 読書会や当事者コミュニティを自主的に開きながら組織の境界をまたぐデザイナー

リマインダーアプリは完全に脳味噌の一部

O－　これ改めて見ると酷いなあ。

辻本　いえいえ、これ別に酷いとかそういうインタビューじゃないので大丈夫ですよ。

O－　これ、使ってないアプリも放置してますもんね笑

辻本　そうなんですか？　あ、これか、この雲マークがついてるやつとか。

O－　雲マークがついてるやつって、使ってなかったりアップデートしてないやつですよね。しかもこれ酷いなと思ったのは、ぼく音楽聞くのってSpotifyしか使ってないんですよ。それなのにミュージックアプリこれ全く使ってないのに一ページ目に置いてある。消しもせず……なんで？

辻本　笑

O－　ぼく管理能力ないんですよ、基本的に、その……瞬発力で生きてて。だから継続的に物事を管理してしっかりやっていくみたいなのがすごく苦手なんです。部屋とか汚いし、フォルダもメールボックスとかもぐっちゃぐちゃですね、ぼくは。関心がないんでしょうね、そういう「ものを整理する」ってことに。

辻本　関心がない。

O－　そうなんですよ。ホーム画面改めて見ると……これどうなってるんだ？　一番下のとこに電話とSafariとリマインダー。ああ、そうそう。ぼくにとってリマインダーが重要なんですよ。だからここに置いてるんですけど……。ぼくあれなんですよね。ADHDなんで、それとASDを両方持ってて。

図1　1ページ目最下段にリマインダーアプリが配置されている

辻本　そうなんですね。

O―　発達障害のやつです。本当に覚えられないんですよ物事を。忘れちゃうし。興味あることにすごい熱中するんだけど、興味のないことに全く意識が向かないっていう性質があって。で、とにかくね、リマインダーがないと生きていけない。だから、このリマインダーはすごく自分なりに設計していて。

辻本　どんな感じなんですか？

O―　えっと、単発のタスクと、短期の繰り返されるタスクと、中長期で繰り返されるタスクと。タスクも、そのタスクと、そのタスクをチェックするっていうメタタスクと、メタタスクも含めてのシステム自体のレビューをするメタメタタスクみたいのがあって。

辻本　おお。

O―　それを全部ぼくはループで、くり返しで設定しているんですよね。それを見たらある種プログラミングといっしょでリマインダーに指示されたらとにかくその通りにやる。毎日の薬を飲むとか、燃えるゴミを捨てるとか、休日は子供の上履きを洗うとか。ぜんぶ時間とそのルーティンでリマインダーを完全に設定してて。で、中長期でも……ついついぼく生きてると本のことしか考えないし、他のことに意識が向かなくなっちゃって、全然悪気はないんだけど自分の好きなことに没頭しちゃうんですね。で、それ以外のことをすべて忘れてしまうんですよ。

だから家事や育児なんかの家庭に関するタスクとか、そのタスクの見直しのタイミングとかも全部リマインダーにいれちゃって。リマインダーが思い出させてくれたときだけ思い出すんです。だからぼくはリマインダーがないと生きていけない。すごく重要度が高いからこんな下に置いてるんだと思う。

辻本　自分の気質というのを、リマインダーでプログラミングしてってことなんですね。それは、わからないですけど、デザイナーっぽい考え方な気がします。

モノとの関係を設計する

O―　そうかもしれないですね。デザインの領域だと思います。人間は、人間だけで生きてないので、社会という環境の中で、その、他者もそうだしリマインダーみたいな人工物とのインタラクションを通じて生きてるんだと思うんですね。そこに対して、ぼく自身の脳味噌が、その前頭前野と言われるところが、ちょっとややぶっこわれてるらしいんで笑

辻本　笑

O―　それでそこを人工物で補完しているんですよね。

辻本　そうか。外側も脳になっているみたいな。

O―　そうです。そこを含めてぼくの知性として機能するよ

図2　Oさんの本棚の一部

うに、自分の体の内側だけじゃなくて、外部にある人工物も含めて自分の知性として機能できるように環境をデザインしているんです。

辻本　本棚とかもそうですよね、言ってみたら。

O－　本棚もそう。まさにそうです。ぼくは本棚のことはよく考えるんですよね。すごく。なんか、ジャンルでたとえば文化人類学とかアートとか短歌みたいなジャンルで整理するのか、とか、著者別に整理するのかとか、あるとおもうんですけど、ぼくがけっこう好きなのは、キーワードとかタグでまとめるやり方です。たとえば「分類」みたいな抽象的なワードでまとめる。人間ってことばを使って世界を分節して世界を理解してとか、そういう言語学とか、サイトの情報設計の本を「分類」っていうキーワードで一個にごちゃまぜにいれたりする。そういうのが好きでめちゃめちゃやるんですよね。　だから本棚は自分と地続きですね。

辻本　Oさんにとって iPhone の役割はリマインダーに集中してるってことですよね。

O－　そうそう。そもそもぼく使うアプリがめちゃくちゃ限られてるんですよ。これ見ると「カレンダー」は使うときは使う。「時計」……これなんだ?

辻本　これ目覚ましとかですかね。

O－　あ、そうだ。これ目覚ましが設定されてるだけだな。「連絡先」なんてほとんど開くことないし。

気にしないために自動化する

辻本　「ファイナンス」はまとまってますね。

O－　ファイナンスね。これもまた重要で笑　これ全部同じなんだけど。ぼくお金に関心がないんですよね。お金に関心がないから、ほんとにお金を人に貸したこと忘れちゃうし、お金を借りたことも忘れちゃうんですよね。で、自分自身のお金の管理とかも死ぬほど苦手で、だから若い頃それで苦労して。もう給料日近くになると全くお金がなくなっちゃったりとか。あと支払いとかすべてが遅延したりだとか。携帯止められたりだとか、電気止められたりだとか。払い忘れてて。好きなことだけに集中したくて好きじゃないことをぜんぶ後回しにするんですよ。

辻本　おお。

O－　だから、そういうのはあって。お金で苦労したんで。そこもデザインしようと思って。だからもう完全に、あれなんですよね。最初っからぜんぶ天引きされるような仕組みにしてます。貯金とか子供の学資とか、家庭のなかでの生活費とか、ぜんぶそういうのも引き落とされる仕組みをつくって。余ってる分はとくに何も考えずに使って良いっていう状態をつくってます。

辻本　毎月必要な経費が先に抜かれて、あとは好きに使えるものが残る。

O－　そうですそうです。そういう状況を確認できるようにアプリを入れて、確認してたりしてるんですよね。

辻本　そこにリソースを割かなくて済むように。

O－　そうそう。リマインダーの発想と完全に一緒なんです。お医者さんに言われたあれなんですけど、普通の人だったら同時にいろんなタスクを覚えてられるのかもしれないですけど、ぼくほんとに一個のことしか覚えてられないんですよ。一個のことをガーっと掘っていくのは得意なんですけど、いろんなことをごちゃ混ぜにするのが苦手なんですよね。

　で、お金に関してもあらかじめ設計して思考しないで済むようにしてるんです。発想が、だからもう、自分で努力する

図１（再掲）　ファイナンスフォルダが配置されている

気がゼロなんですよね。

辻本　でもそれは、そうするためにってことですよね。えっと、他のところに頭を使うために自動化してるってことですよね。

Oー　そうそう。自分の経験則としても、とにかく細々（こまごま）した管理は自分のバリューを出せないところだとわかっているので、そういうところに使う脳味噌をできるだけ減らして。

　たとえば企画を考えたり、場づくりをしたり、イベントを考えたりするような自分がやってて楽しくて創造性を発揮できる領域に没頭できるようにする。そうやって自分が生きていきやすくなるようにできるかぎりいらないものは脳味噌から外に出してるみたいな。そういう感じなんですよ。それがぼくのホーム画面に表れている気がします。

辻本　強度はそれぞれに違うと思うんですけど、人それぞれ弱いところとか、本当は自動化したほうがいいところとかってあると思うんです。でも自分がどこが弱いのかとか本当はどこに注力すべきなのかって、わかるのに時間がかかるし、その、死ぬまで自分が自覚できない自分の弱さもあるだろうし。でもそこに向けて、自分ができない部分にアプリを集中させてるっていうのはおもしろいと思いました。

財布をなくせないルールをつくる

Oー　だから分析思考なんでしょうね。

辻本　ほんとうにそこはデザイン的な頭の使い方ですよね。

Oー　そうですそうです。課題解決っていうところの、設計をしてるんですよね。けっこうこれもある種アジャイル。失敗しながらやってきてスタイルを見つけたんですよね。

　たとえば財布とかも。財布とか携帯もいっつも忘れちゃってたんだけど、ぼくは絶対カバンひとつしか持たないことに決めたんですよ。それで財布を出したら、そのあとカバンの中以外に財布を置くことは絶対にしないっていうルールをつくって、それ以外の行動はとらないようにしてて。そのルールに完全に統一するようになったら普通の人以上に絶対に忘れない。なくなりようがないんです。

辻本　たしかにカバン変えたときに鍵なくしたりするんですよね。

Oー　そうそうそうそう。自分は特にそれが酷いってことをわかっているので、すべての環境をそうやってデザインしてるんですよ。とにかくぼくは自分の脳を信用しないという。

辻本　なにかを気を付ける、細かく気を付けるって無意識に相当脳のリソース食ってると思うんですよ。それをできるだけなくしているっていうふうにも考えられますよね。

Oー　うんうんうんうん。とにかくもう外に出しちゃうんですよね、発想として。タスクが発生したらとりあえず「リマインダー」にメモって、忘れるんですよ。

辻本　それでリマインダーが言ってくれたときにやる。

O―　そうそのときだけ思い出す笑　で問題は、リマインダーをしてないと永遠に忘れちゃう。

辻本　でももうあんまりないんじゃないですか？

O―　そうですね。でもたまに失敗したりはしますけど、けっこう今って、家族もいて子供のタスクが入ってくる[illegible]そうするとルールが複雑になっていまだに失敗する[illegible]るんですけど、そこの状況に合わせたやり方みた[illegible]分で見出せるようになってきたんです。

辻本　すごいおもしろい話。きいてよかった[illegible]

O―　たしかにこれおもしろいな。まさ[illegible]なしようなことやってるんですよ。「普段使[illegible]リの使い方見せてもらって良いですか？」みた[illegible]後ろから観察さ[illegible]てもらって、で「今触ってるとき何[illegible]えてるんですか[illegible]「今なんでページ戻ったんですか？」とか。

これけっこう人の本棚を覗くとか人の押入れ[illegible]いですよね。アプリって思考がそのま[illegible]れそ[illegible]

辻本　毎日触るものだし。

O―　どんな感じでまとめるんですか。

辻本　ホーム画面載せて、この対話のインタビューを載せていこうと思ってて。でも本当は仲間がいれば、動画とかラジオとかそういうので配信できたらもっとおもしろいと思うんです。もっと言えば赤羽編とか池袋編みたいな、街ごとに聞いていくみたいのもゆくゆくは本当はやってみたい。

O―　そうっすね。これはおもしろいな。ぼくも本当に無頓着なんだなってことに気づきました。使ってるアプリ以外に全然注意が向いてない。これ他の人の話聞いてみたいですね。

#10 暗渠（あんきょ）のヘドロに飛び込んだ美術家

スマホとの距離が離れている

辻本　拝見します。背景は最初のままにしてる？

KG　はい。え？　そんな変えるものですか？

辻本　そういうわけじゃないけど変えてる人はけっこう多いかも。

KG　そうなんですか！　わかってなくて、そういうの。いや、確かに変えられるんですよね。ぼく今使ってるMacも先月くらいにはじめてホーム画面の画像を設定したんですよ。なんかでも、たしかに、変えられますね。

辻本　ガラケーのときはどうだった？

KG　うーん。なんもしてなかった。

辻本　そうなんだ！　それはおもしろいね。逆にすくないかもしれない。

KG　衝撃なんですけど。そっか。みんなそんなに変えてたのか。

辻本　笑　そうか。え、思いついてないってこと？

KG　はい。考えもしてない。

辻本　それだったらすごいよくわかるな。これってさ、ロック画面はどうなってる？　ロックした画面。時間とか出る画面。いまおれはこうなってるんだ。うちの犬の画像。これ犬の画像にしてたら「お父さんみたい」って言われる。

KG　ちょっとわかるかもしれない笑　ロック画面も変えてないんですよ。

辻本　そうなんだね。いま五人しか聞いてないんだけど、変えてない人ははじめて。って言っても五人だけどね。

KG　ああ。そうなんすね。すごいな。

辻本　逆に言うと背景をよく見えるようにしている人もけっこういる。

KG　全然考えたことなかった。

辻本　でもKくんはさ。やっぱ、手を動かしてつくってる時間が長いからかもしれないよね。

KG　けっこうそれこそ、つくってるときとかけっこうほっぽってて、あれ、どこいったかな、みたいな。

辻本　むしろだから連絡とか気にしてるとできないことってあるもんね。

KG　そうですね。なんかよくないんですけど。

辻本　そんなことないよ。

KG　だからスマホとの距離がちょっと離れてるかもしれない。

辻本　うんうんうん。

動かないものを上に配置

辻本　アプリとかは配置したりしてる?

KG　それはちょっとしてますね。いちおうなんか決まりはあるようなないような。たとえば、すごいジェネラルなやつはけっこう上の方にまとめてて。「計測」は普通に制作で使う。寸法を測るとか。

基本アプリを消したいんですよ。デフォルトのアプリとかもできるだけ消したんですけど、でも設定は絶対消えることがないファンダメンタルなもの。だから一番上に持ってきて。OCNモバイルワンってのも、ぼくの格安SIMの速度の低速高速を切り替えられるアプリなので絶対いる。みたいな感じで上からわりとだから一ページ目の上のほうは、動かないものにしてます。

Facebook も Messenger も仕事でけっこう使うんで置いてて、「メモ」はめっちゃ使ってて、もはやたぶん携帯で一番使ってるのメモなんじゃないかってくらい使ってます。「カメラ」とか Instagram とかもたまに。

辻本　そこらへんはあれだよね。仕事というか、人に見せたりとかもあるもんね。

何度もひらいてしまう銀行アプリ

KG　そうですね。あと銀行系はよく見ますね。動いてないのわかってても見ちゃいますね。

辻本　売上が入ったんじゃないかみたいなこと?

KG　カードの引き落としの日が迫ってるけど、それまでに「減っちゃってないよな?あるよな?」っていうのを引き落としの一週間前くらいから確認しちゃう。

辻本　減ってないよな、っていうのは?

KG　なんか引き出しちゃってないかな、とか、あとは足りてるのはわかってても、引き落とされる前っていうのは言ったらたくさんあるわけじゃないですか、引き落とされた後よりも。一気になくなるのに、いまはたくさんあるように感じているじゃないですか。この状態で、なくなったあとのこと

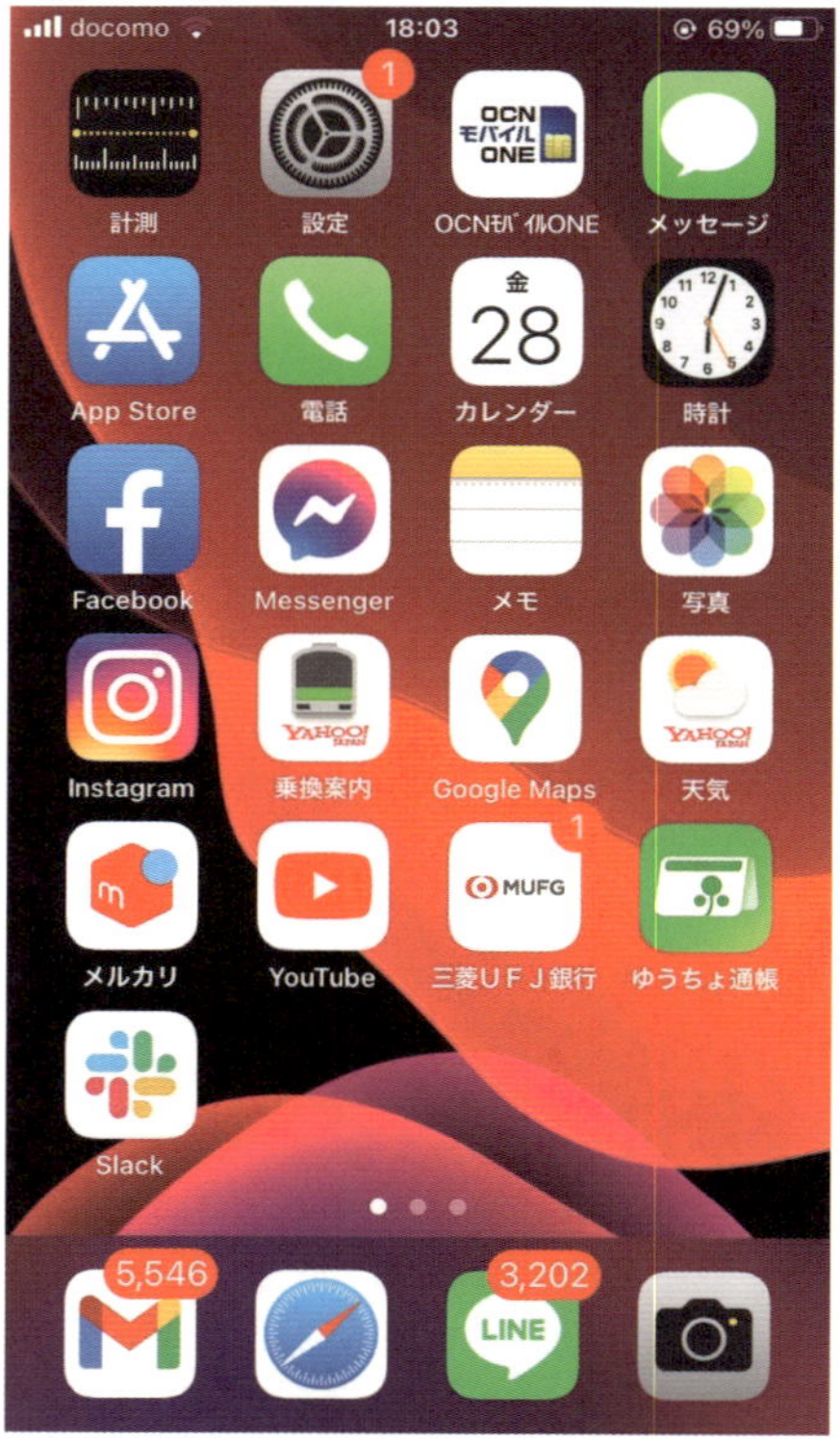

図1　1ページ目

を想像するんですよ。なくなったあとに、これは本当じゃなくて、これから減って、そっからどうやってやりくりしていくか、みたいなこと。

辻本　そういうことか！　それしないとさ、なぜか無理じゃない？　すごいよね数字って。15って書いてあるとさ、これから10なくなるのに15あるように思っちゃわない？

KG　そうなんですよ。とにかくヤバさを自覚するためにめっちゃ見てます。残高と、次のページにこれ楽天カードなんですけど、その引き落としのタイミング。これをぼくひたすら見ます。

親指とアプリ

辻本　そうなんだ。楽天カードのアプリは一ページ目にしたりはしないんだね？

KG　そうですね。なんかカード……一番メインのところに置きたくないというか。ずっと見てるとノイローゼになりそうなんで。見ようとおもったときだけ見るっていう。

あと、けっこうフィジカルな問題があって、ぼくは右利きなんですけど、携帯、ぼくの手のサイズ的に普通にやると一番奥のところって届かないんですよ。わりとこの辺はよく使うから、手届きやすいところに置いて、みたいのはあります。

辻本　おお！　実はぼくこの企画をはじめたのはそれなんです。親指に対して立地があるんじゃないかと思ったの。Kくんの親指にとって押しやすいホットスポットがあるってことだよね？　そのあたりに今後使いたいアプリを置いたりとか。そう思ってこの特集思いついたんだけど、意外と指のことを考えてる人はいまのところ多くないっぽい。

KG　そうなんですね。なんかよく思うのは、さいきん思うのは、iPhone って、iPhone に限らずですけど、最近どんどんでかくなってるじゃないですか。ぼく iPhone7 でけっこうちっちゃめなやつ使ってるんですけど、これ以上大きくなったら困るなってけっこう思ってて。というのは、基本片手で扱えるサイズじゃなくなるから。大きくなったら親指の位置からとかじゃなく、もうそもそも両手でやるの前提で配置するとかになるのかな〜と。

辻本　たしかに！

KG　わりと親指からの距離は考えてます。メモ・写真・マップ・天気、ですかね。この四つがよく使うんで。さらによく使うのは、下に。

辻本　四天王ね。

KG　そうです。四天王に入れてます。

辻本　Kくんは、えっと、それとは関係ないんだけど、借金みたいになってる……バッジが。

無料スタンプを集めていた時期がある

図2　2ページ目

KG　これあの、LINEは無料スタンプしかいれないんですよ。無料スタンプって友達登録しないといけないじゃないですか。会社とか、ブロゴス、LINE Pay、COACH、くもん、レタスクラブ、ユニクロ、ナショジオ、ライントーク占い、ロクシタン。ぼく一切関係ないような企業のアカウントを友達にしてしまうんですよ。そうすると、無料スタンプ出してたらもらえるんです。
　ロクシタン関係なくても、その猫のスタンプほしいってなったら登録して、そしたらその企業たちが誰よりもメッセージ送ってくるんですよ〜！

辻本　それってフォロー外すと使えなくなっちゃうの？

KG　わかんないです。わかんない。

辻本　でもたしかに使えちゃったら変だよね。それタイムライン大変じゃない？

KG　やばいです。だから本当にそれでどんどん埋まっていって、普通に必要なメッセージを見逃すんですよ。みんな朝八時とかにババーッと送ってきて……。

辻本　それは見逃しそう笑

KG　そうなんですよ。

辻本　バッジが3202だともうバッジを信頼できない笑

KG　おんなじ要領で、Gmailも楽天とかアマゾンとかで買ったときにチェック外せてなくて、チケット買うときとかも。それで増えちゃうんですよ。

辻本　それもうバッジ消したらどう？

KG　え、消せるんですか？

辻本　消せる。

KG　消したいです。

辻本　たしか設定から通知でアプリごとにオフにするといけるはず〜。

KG　……はあああ！消えた！　LINEも全部

消したい。すご！
　あとジモティーは、一回クロスバイク買ったんですよ。そしたら、いつまで経ってもあたらしいクロスバイクの通知が来るんです。設定外す手続きをいくらやっても……。
辻本　バッジがもう狼少年みたいになってる笑
KG　けっこうこれでLINE見逃すんですよ。
辻本　人の連絡を挟むように次々くるんでしょ？　そりゃ見逃すね！笑
KG　だから無料スタンプ最近はやめてます。わーバッジ消えた！すっきりした！　LINEがこんな。だって、なんもないなんて見たことなかったですよ。何年も見てなかったです。
辻本　おもしろいわ笑
KG　これでも結局トークルームは変わんないってことですもんね。最悪や笑

アプリを隠す

KG　そういえばマクドナルドのアプリは、すごい消したいんですけど、たまに食べたくなる時があって、ポテトのクーポンがほしいっていうそのためだけにとってます。
辻本　これはあえて残してるんだね。
KG　そうですね。ちなみに右下の「ユーティリティー」フォルダの奥底に、借金用のアプリがあります。
辻本　借金用っていうのはローンみたいな？
KG　いやいや、あれです。プロミスのアプリが入ってます。あのオンラインでお金返せるんですよ。いくら借りてますっていうのも出るし。ただおそろしすぎて、奥底に隠してます。これつねに見えてたらぼく生きていけないです。
辻本　そういうことか。見えないようにしてるんだね。たんすの奥にいれとくみたいな。おれも借りてて前まで目を背けてたんだけどさすがにやばいなと思って最近は毎月借りてる額を印刷してるんだ。
KG　えらい！
辻本　それでも変わらず使っちゃうんだけどね……。
KG　ずっと心の中に常にそれがのしかかってるので、現物まで見なくていいってことでフォルダの奥にやってます。
　でも今日一番驚いたのはバッジですね。ずっと髭(ひげ)剃ってなくて伸ばしてたのに、急に髭(ひげ)剃ったみたいな。そんな気分です笑
辻本　よかったです。ありがとう。このあとはまた制作？
KG　もうちょっと。陶器の電気釜なんですけど、それの番をしていなきゃいけない。もうすこしなんですけど。

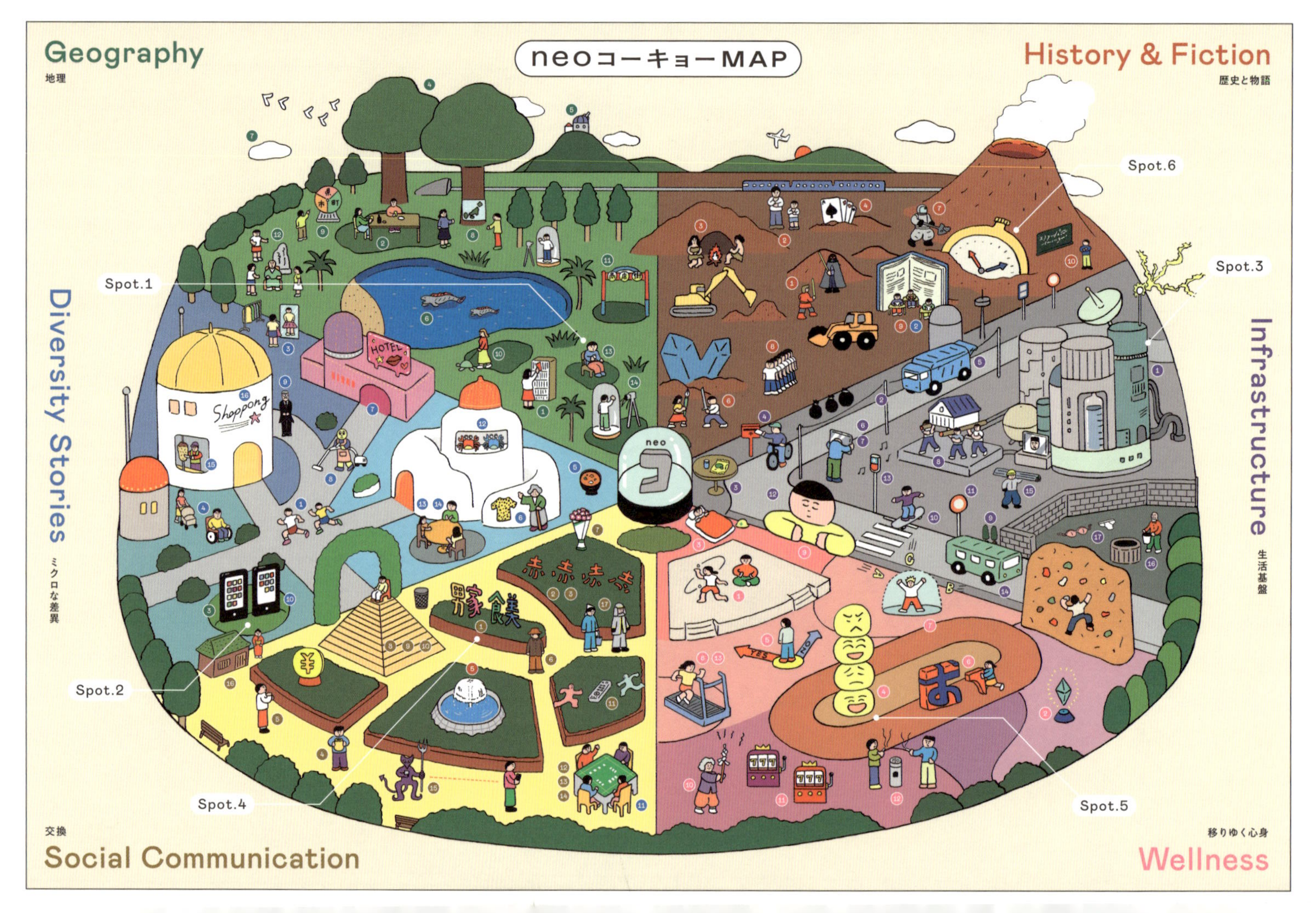
neoコーキョーMAP
Geography
地理
History & Fiction
歴史と物語
Diversity Stories
ミクロな差異
Infrastructure
生活基盤
Social Communication
交換
Wellness
移りゆく心身
Spot.1
Spot.2
Spot.3
Spot.4
Spot.5
Spot.6
HOTEL
Shopping
neo
YES
NO

neoコーキョーシリーズ
フェーズワン ラインナップ

Spot.1
勝手にカウント調査を
はじめよう

――路上に７日間座って、人の数をかぞえつづけたらどうなったか？

2024年９月刊

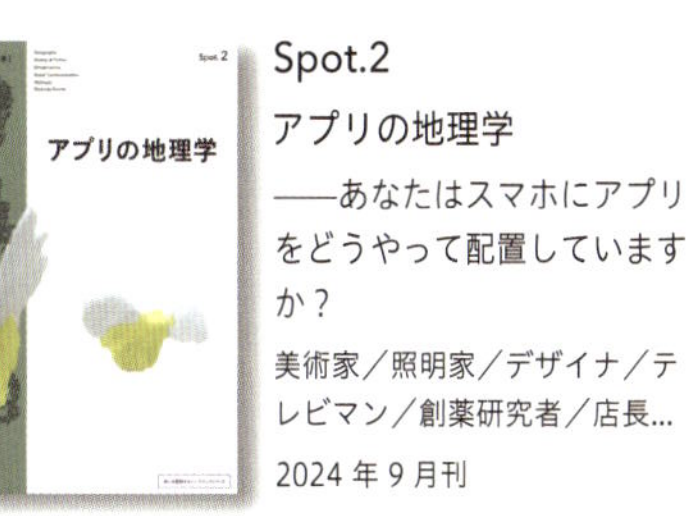

Spot.2
アプリの地理学

――あなたはスマホにアプリをどうやって配置していますか？

美術家／照明家／デザイナ／テレビマン／創薬研究者／店長…

2024年９月刊

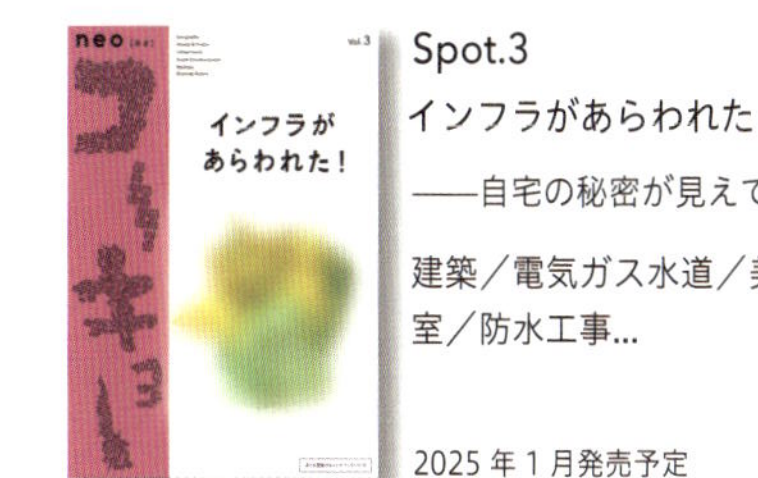

Spot.3
インフラがあらわれた

――自宅の秘密が見えてくる

建築／電気ガス水道／美容室／防水工事…

2025年１月発売予定

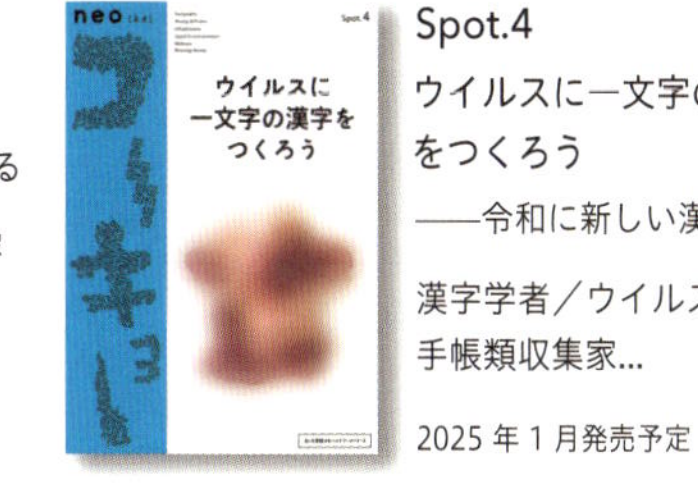

Spot.4
ウイルスに一文字の漢字をつくろう

――令和に新しい漢字誕生！

漢字学者／ウイルス学者／手帳類収集家…

2025年１月発売予定

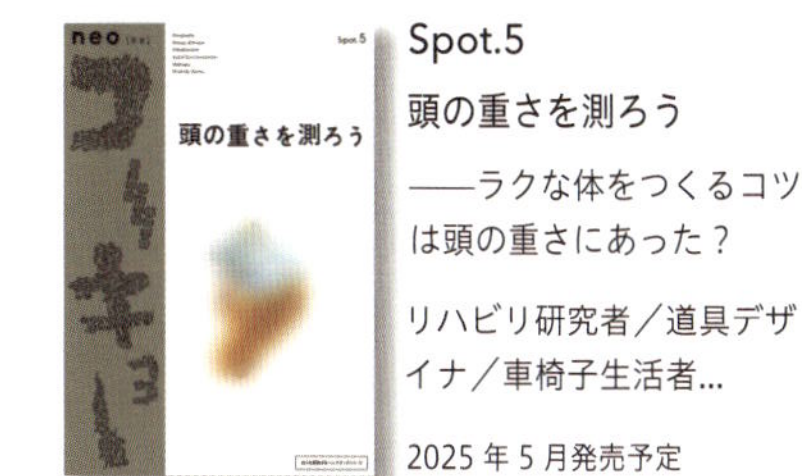

Spot.5
頭の重さを測ろう

――ラクな体をつくるコツは頭の重さにあった？

リハビリ研究者／道具デザイナ／車椅子生活者…

2025年５月発売予定

Spot.6
最小の歴史
ペットカメラから見える犬の姿勢を記録しよう

――私が最寄駅まで歩く時間は歴史になりえないのか？

2025年５月発売予定

『neoコーキョーMAP』⇧

Illustrator. ―――――― 中山信一
Designer. ―――――― 根津小春

neoコーキョーシリーズの100の企画をイラスト化。それらを６つのエリアに配置したマップ。A3サイズ『neoコーキョーパンフレット』(2021, 松谷書房）に収録。

Geography 地理
History & Fiction 歴史と物語
Diversity Stories ミクロな差異
公共
Infrastructure 生活基盤
Social Communication 交換
Wellness 移りゆく心身

HP　https://neokokyo.com
Twitter　@neokokyo
Instagram　@neokokyo

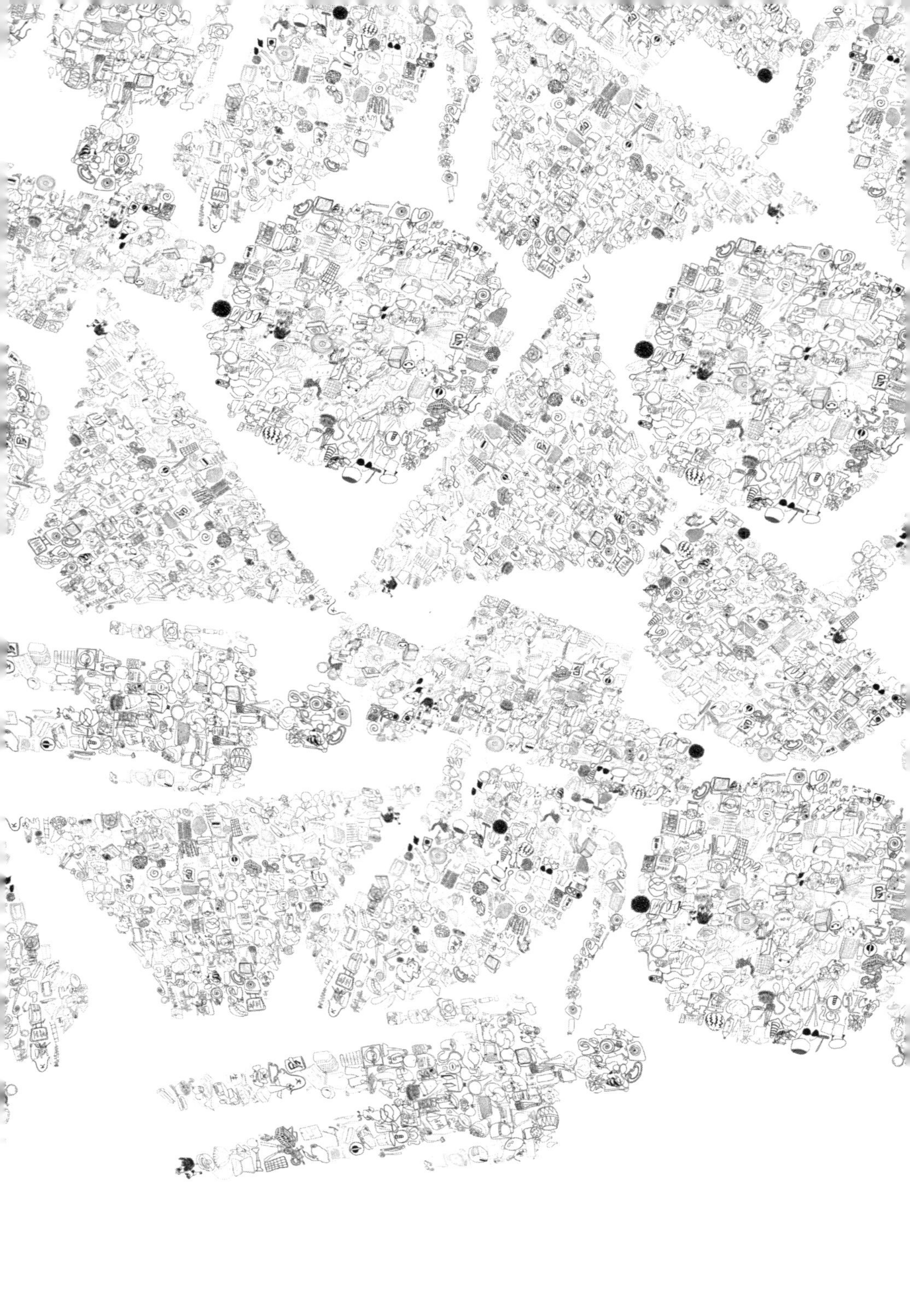

Contributors

鮎川奈央子　Ayukawa Naoko

一九九五年、山梨生まれ。いきものがすきで、馬、ゴリラ、犬が特に好き。粘土や絵で制作をしている。夏休みみたいな感じで、いきいきとした漫画を描いていきたいなと思います！

SUGAR　シュガー

一九八三年、東京都文京区生まれ。九十年代後半に起こったオウム真理教事件、酒鬼薔薇聖斗事件。この二つの事件に衝撃を受け、事件の背景に深く関心を抱く一方で、中学三年時にユング心理学、高校一年時に占星術と出会い、独学を始める。二〇〇九年より占星術家として本格的に活動を開始。

林丈二　Hayashi Joji

一九四七年、東京都練馬区生まれ、荒川区育ち。生来、道草をする資質が強くあり、今では「一生、どれだけ道草を楽しめるか」という生き方を進めている。一九七〇年代に「マンホールの蓋」に興味を持ち、後に『マンホールのふた（日本篇）』、『マンホールの蓋（ヨーロッパ篇）』にまとめる。その際、マンホールの蓋の歴史調査から、明治時代の資料、特に「明治時代の新聞の世界」に没頭、「明治時代の街の様子、街の細部」を丹念に記録するようになる。合わせて、フィールドワークとして「東京二十三区を全部歩く」という目的を持ち、一九八六年、路上観察学会に参加、「より深い道草の世界」に入り込んでいる。

辻本達也　Tsujimoto Tatsuya

一九八九年、大阪生まれ、埼玉県出身。二〇一二年、スマホゲーム開発会社に入社。二〇一三年、Twitterでワークショップと検索して出てきたものに次々参加する。二〇一五年、介助の仕事を開始。二〇一六年より、演劇団体「マームとジプシー」にて継続的に出演。二〇二〇年、出版社を立ち上げる。

Book Link

『世界の悲惨Ⅰ』ブルデュー・ピエール著、荒井文雄、櫻本陽一訳、藤原書店、2019年

『ダイアローグ――対立から共生へ議論から対話へ』デヴィッド・ボーム著、金井真弓訳、英治出版、2007年

『異常の構造』木村敏、講談社現代新書、1973年

『幻のアフリカ』レリス・ミシェル著、岡谷公二、田中淳一、高橋達明訳、平凡社、2010年

『イティハーサ』水樹和佳子、早川書房、2003年

『自然のしくみがわかる地理学入門』水野一晴著、ベレ出版、2015年

『サッカー戦術とは何か？が誰でも簡単に分かるようになる本』西部謙司、北健一郎著、毎日コミュニケーションズ、2011年

『ブロッコリー・レボリューション』岡田利規著、新潮社、2022年

『喜べ、幸いなる魂よ』佐藤亜紀著、角川書店、2022年

『ニューサラダブック プロがつくるアイデアサラダ174』柴田書店編、2009年

neo コーキョー 2
アプリの地理学

2024 年 09 月 30 日 第 一 刷 発行

発行・編集・デザイン
辻本達也

ロゴ
黒川岳

表紙アート
佐貫絢郁＋藤田紗衣

協力
H.K.　T.F.

印刷
シナノ書籍印刷

発行所
松谷書房
080-3029-9010
neokokyo.com

mail : tsujimoto@neokokyo.com

Printed in Japan
ISBN978-4-910446-02-8